今日から
モノ知り
シリーズ

トコトンやさしい

塗料の本

素材を保護し、美観を与える材料、塗料。その成分や塗り方はもちろん、性能評価や機能性塗料、また環境に配慮した低VOC塗料についても詳しくわかりやすく解説します。

中道敏彦
坪田実

B&Tブックス
日刊工業新聞社

はじめに

塗料は建物、橋梁、船舶、自動車、家電製品、家具など私たちの生活に関わりのあるあらゆる物に使用され、素材を保護し、美観を与える上で無くてはならない材料です。塗料は通常、製品を造る際の最終工程でスプレーなどによって塗り広げられ、乾燥・硬化して製品を美しいものに仕上げます。かつて、塗料と言えば日本では漆、西洋では乾性油を主体にした油性ペイントが主たるものでしたが、第二次大戦以降の合成樹脂の発展に伴い、塗料も多種多様な樹脂が用途に応じて用いられています。

塗料は通常、1回塗りでは数十μm（μm：マイクロメーター＝1000分の1mm）の厚さに塗られます。因みに台所で用いるクッキング用アルミフォイルが12μm、人間の髪の毛の太さが60μm程度ですから厚さのイメージがわくと思います。高い品質を要求される自動車塗装では錆に強い下塗り、石跳ねに強い中塗り、色彩と屋外環境に強い上塗りの3層構造をとるのが一般的ですが、それでも総膜厚は100μm程度、すなわち10分の1mm程度にすぎません。この厚さの膜で少なくとも10年程度の長期にわたって素材を保護し、美観を保ち続けているのは素晴らしいことだと言えます。塗料はまた色彩面でも重要な役割を果たし、都市景観や自動車をはじめとする工業製品のデザイン上必須の材料になっています。

ところで、塗料は使う側にとってはやや解りにくい材料かも知れません。それは塗料が樹脂、硬化剤、顔料、溶剤、添加剤などの多くの組成物から構成される、いわばノウハウの

塊のような材料である、ということに一因があります。塗料は昔から典型的なハイブリッド材料であり、それ故に塗料配合設計者においても各組成（原因）と性能（結果）の関連を把握するために実験を重ねることが多い材料です。従って、塗料の特性を知るための性能評価の方法は大切で、塗料と塗膜の両方の評価方法について知っておく必要があります。

塗料は塗装と言うプロセスを経て塗膜になり、初めて最終製品になります。工業製品の多くの部品、部材で製品化のために薄く塗り拡げて、しかも液体から固体に相変化させる材料は他にあまりありません。従って、塗装工程は大変重要で、たとえ塗料そのものが良好であっても、塗装工程に問題があると、例えばぶつ、わき、はじき、たれ、ゆず肌、透けあるいは硬化不良などの欠陥を生じ、良い仕上がりを得ることができません。

本書では塗料の成分、塗り方に加え、実際に種々の用途で塗料がどのように使われているのか、また、近年注目を集めている機能性塗料にはどのようなものがあるのか、といった内容についてもとりあげています。

これからの塗料のあり方を考える時、環境問題、とくにVOC（揮発性有機化合物）排出の問題を抜きに話をすることはできません。本書では低VOC塗料としてのハイソリッド塗料、無溶剤塗料、水性塗料、粉体塗料のそれぞれの課題と対応についても言及しました。

本書が塗料入門の役割を果たしてくれることができれば幸いです。

平成二十年三月

中道　敏彦

坪田　実

トコトンやさしい **塗料の本** 目次

第1章 塗料によって美しく

1 世の中を彩る塗料 「素材を保護し、美観を与える材料」............ 10
2 塗料のルーツを探ってみよう 「壁画にも漆にも人は色を求めていた」............ 12
3 日本の塗料工業の発展 「ペリー来航がきっかけとなった洋式ペイント」............ 14
4 どれくらいの量の塗料がつくられているの? 「生産量やタイプ別でみると」............ 16
5 塗料はどんな所に使われているの? 「自動車から家庭用まであらゆるところに」............ 18

第2章 塗料の成分を見てみよう

6 塗料の成分を見てみよう 「塗料は多成分混合のハイブリッド製品」............ 22
7 塗料の形態を見てみよう 「溶剤型から粉体まで形態によって特徴が決まる」............ 24
8 樹脂を選ぼう 「目的・用途に応じた選択が重要」............ 26
9 乾燥するものと硬化するもの 「塗料の成膜は物理的と化学的」............ 28
10 顔料を選ぼう 「色の表現から充填剤まで」............ 30
11 溶剤を選ぼう 「溶解力と蒸発速度が選択のポイント」............ 32
12 添加剤を選ぼう 「少量で大きな効果を発揮する添加剤」............ 34
13 塗料をつくる 「顔料分散と調色が重要なポイント」............ 36
14 粉体塗料をつくる 「溶融混練と粉砕によって製造」............ 38

第3章 塗料の塗り方とよくある塗装欠陥

15 塗膜はこのように膜を形成する「塗膜はチョコとクッキーの2種類」……42

16 塗る前に大事な素地調整「塗料の付着に不可欠な素地調整作業」……44

17 塗装の憲法 その1「塗装環境の整備と段取りを守る」……46

18 塗装の憲法 その2「塗装系の原則と基本工程、配合を着実に」……48

19 塗料の塗り方「塗装の原理を理解し、適材適所に選択しよう」……50

20 液膜を転写する高速塗装「均一な厚みの液膜に加工する塗装方式」……52

21 浸せきして塗る方法「ディッピング方式としごき塗り」……54

22 めっきの原理で塗る水性塗装「被塗物の隅々に移行できる電着塗装」……56

23 はけ塗り、ローラ塗り「はけ塗りの基本手順は塗装全般に通じる極意」……58

24 スプレー塗り「ひも状液体と空気を衝突させて霧にする」……60

25 静電スプレー塗り「静電気を上手に使い、塗着効率を高める」……62

26 塗装欠陥(1)「ピンホール、凹みやハジキの対策」……64

27 塗装欠陥(2)「かぶり、シワ、皮張りの対策」……66

第4章 いろいろなところで使われる塗料

28 自動車を塗る「ソリッドカラーとメタリックカラー」……70

29 エコを重視した自動車塗装「水性か粉体か、クリヤコートが最後の課題」……72

30 車の塗装はこのように補修する「補修塗装の工程と技能要素」……74

31 新幹線車両を塗る「乗用車並みの外観を達成する塗料と塗装」……76

第5章 こうすればわかる塗料・塗膜の性能

32 航空機を塗る「低温にも油にも強い塗料」……78
33 冷蔵庫を塗る「PCM塗装ラインと塗膜構成」……80
34 夢の架け橋、明石海峡大橋を塗る「長期耐久性を実現する塗料と塗装」……82
35 東京タワーを塗替える「水性塗料の使用でVOCを75％以上も削減可能」……84
36 船舶を塗る「意外と早く塗替える大型船」……86
37 安芸の宮島、厳島神社大鳥居の塗替え「現場施工の厳しさと達成感の素晴らしさ」……88
38 重要文化財明治の洋館を復元する「分析技術で明治時代の塗料と塗装を解析」……90
39 高級木工家具の塗装「製品の良否は木地調整と塗装が大きな決め手」……92
40 ピアノを塗る「鏡面仕上げの基本は研磨作業」……94
41 新しい漆塗りの世界「植栽型開発漆は魅力たっぷり」……96
42 プラスチックを塗る「付着性を向上させるプライマーの開発」……98

43 ボテボテ、シャバシャバ？ 粘度を測る「タレを防ぐ塗料のからくり」……102
44 つやはあるの？ 光沢を測る「高光沢面の外観評価には写像鮮映性を」……104
45 色を測る・色を表す「可視光の吸収成分の分析でわかる色の正体」……106
46 よくくっついているか「付着力の発生とその評価」……108
47 硬いか、強いか、よく伸びるか？「遊離塗膜の引張り試験でわかること」……110
48 温度、変形速度で大きく変わる塗膜物性「粘弾性体の挙動を解明する」……112

第6章 機能で広がる塗料の用途

- 49 塗膜の摩耗抵抗「要因解明が難しい摩擦界面の破壊現象」……114
- 50 促進試験で劣化を調べる「劣化現象をいかに短期間で再現するか」……116
- 51 こんなこともできる塗料の世界「塗料の領域を広げる機能性塗料」……120
- 52 電気抵抗、電磁波を制御する「静電気を逃す塗料、電磁波を吸収する塗料」……122
- 53 熱を制御する「赤外線を反射する太陽熱高反射塗料や耐火塗料」……124
- 54 擦り傷を防止する「スチールウールでこすってもOK、ハードコート」……126
- 55 汚れを雨が洗い流す「自己洗浄性耐汚染塗料は親水性が決め手」……128
- 56 汚染物質を分解する「日本発の注目技術、光触媒塗料」……130
- 57 微生物を抑制する「菌やかびの発生を抑制する」……132
- 58 フジツボやアオノリから船を守る「汚損生物の付着を防ぐ船底防汚塗料」……134
- 59 見る角度によって色が変わる「新しいエフェクト顔料を含む塗料」……136
- 60 光で回路を造る「ICに欠かせない微細加工用フォトレジスト」……138

第7章 安全・環境問題とこれからの塗料

- 61 塗料を安全に使うために「火気と人体への影響に注意」……142
- 62 塗料と環境問題「大気汚染や土壌・水質汚染への取り組み」……144
- 63 VOCを減らすには「多面的、総合的に行うVOC削減」……146

64 ハイソリッド・無溶剤型塗料を使う「より固形分の割合を高めVOCを削減する」......148

65 水性塗料を使う「溶剤を水に替えてVOCを削減する」......150

66 粉体塗料を使う「VOC削減には理想的な塗料」......152

67 これからの塗料技術「環境対応と高機能化が開発課題」......154

[コラム]
- ナヤシとクロメ......20
- 軟らかい物と硬い物......40
- どうやって塗料が乾くの?......**68**
- 雷の話......100
- テーブル面の白いシミ......118
- 地球とサッカーボール......140
- 色々な話......156

第1章

塗料によって美しく

● 第1章 塗料によって美しく

1 世の中を彩る塗料

素材を保護し、美観を与える材料

私は今、事務所の机に座っています。周りを見渡してみますと、事務机、ロッカーには金属用焼付塗料が、パソコンの筐体にもラッカー塗料や紫外線で硬化する塗料が、そして部屋の天井には壁用のエマルション塗料が塗られています。

外出してみましょう。街に出るとカラフルな自動車が目につきます。自動車の下塗りには鉄に付着力があり、防錆力に優れるエポキシ樹脂塗料が塗られています。また、中塗りは石跳ねに対して強い塗料が、上塗りは耐久性があり透明感のあるアクリル樹脂を用いた焼付塗料が塗られています。

ビルを囲む建築用金属パネルはフッ素樹脂塗料も塗装されています。また、家屋の壁はこれも工場で多色模様に塗装された窯業建材のパネルが用いられています。

電車もオートバイも自転車も、鉄橋も船も飛行機も、そして家庭内で用いられる冷蔵庫、洗濯機、電子レンジ、掃除機などにも塗料が用いられ、美しいデザインを実現しています。

このように塗装されていない金属剥き出しの自動車料です。塗装されていない金属剥き出しの自動車など考えることができません。世の中に塗料がなければ、私たちの周りは灰色の世界になるでしょう。そして鉄はたちまち茶色い錆を発生することでしょう。

塗料は、スプレー塗装のような比較的簡単な方法によって、素材表面に通常数十μm（マイクロメーター、1000分の1mm）程度の厚さの膜を形成し、長期にわたってその性能を保持します。塗料は塗装によって最終製品になります。また、塗装することは新たな大きい表面を作り出すことです。この表面を活用して、さまざまな機能を発現する多くの機能性塗料が開発されています。

塗料をとりまく世界は私たちに身近で、とても面白いものです。ぜひ覗いてみてください。

要点BOX
- あらゆるところに使われる塗料
- 塗料の役割は素材の保護と美観の付与
- 塗料は塗装によって最終製品になる

塗料によって美しく長持ち

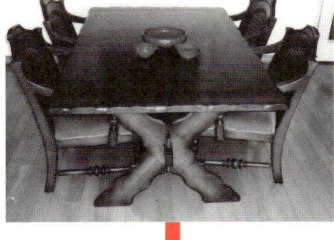

あらゆるところで塗料は素材の保護と美観の付与を果たしています

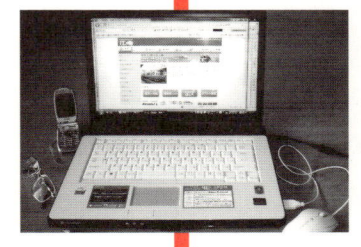

●第1章　塗料によって美しく

2 塗料のルーツを探ってみよう

壁画にも漆にも人は色を求めていた

人間は「表現したい」という欲求を持っている生物です。色に関して言えば、特に赤い色は神聖視され特別な思いがあったと思われます。紀元前15万～6万年にかけての旧人類ネアンデルタール人は赤土（酸化第二鉄）で身体彩画をしていました。

紀元前1万5000年前のフランスのラスコーや1万2000年前の北部スペインの壁画は動物たちが描かれ有名です。

赤鉄鉱、黄土、マンガン鉱、白亜土、骨を焼いた黒顔料に獣脂や血液に混ぜて描いたものと考えられています。この頃が塗料の始まりと言えるでしょう。紀元前4000～3000年頃の古代エジプトにはカーボン、赤土、黄土、石膏、ラピスラズリなどを使った墳墓内の壁画が残っています。

乾性油や膠、卵白などを結合材に用いるようになったのは紀元前2000年頃と思われます。鮮やかな赤顔料である丹砂（辰砂）は紀元前200年頃の秦の始皇帝の兵馬俑でも使われています。

ところで漆は天然の代表的な塗料で、極めて長い歴史を持っていますが、中国から渡来したのか、日本でも独自に進化したのかよくわかっていません。福井県の鳥浜貝塚遺跡からは縄文前期（5000～6000年前）の赤・黒漆が塗られた櫛と見られる遺物が出土しています。また、約6000～7000年前の中国浙江省余姚市の加拇渡遺跡からは黒漆の上に赤漆が塗られた見事な椀が出土しています。

そして、近年、北海道南茅部町の垣ノ島B遺跡から約9000年前の朱塗りの埋葬品が出土し、一気に漆の歴史を1000年ほども書き変えました。日本では漆は什器、工芸品、建築に幅広く用いられてきたほとんど唯一と言ってよい塗料です。

ヨーロッパでは乾性油による油絵具が広まるのは15世紀前半からであり、ボイル油（乾性油に空気を吹き込みながら加熱したもの）を用いた油性塗料が出現するのは18世紀中頃です。

要点BOX
- ●ラスコー壁画が塗料のルーツ
- ●日本では漆が唯一の塗料
- ●ボイル油ができたのは18世紀中頃

古代から使われていた塗料

ラスコーの壁画（BC15000）

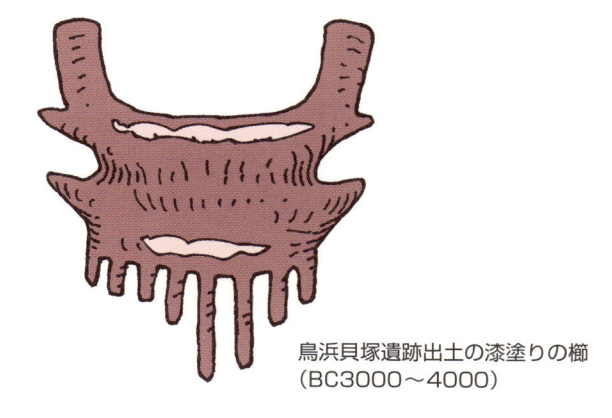

鳥浜貝塚遺跡出土の漆塗りの櫛
（BC3000〜4000）

代表的な漆塗り

摺り漆仕上げ（左）と蒔絵仕上げ（右）

● 第1章　塗料によって美しく

3 日本の塗料工業の発展

ペリー来航がきっかけとなった洋式ペイント

日本における洋式ペイントの使用は、1854年（安政元年）、ペリー来日の折に洋館が建築され、そこで用いられたのが最初です。日本では塗り物は漆や柿渋と言う時代でした。その後、1860年頃、主として英国よりペイントを輸入し、船舶、鉄橋、汽車、建築等の新しい需要に対応していました。

1873年（明治7年）になって、茂木重次郎が亜鉛華とともに、日本で初めてペイントの製造を開始し、最初の塗料会社を設立しました。また、1884年には、堀田瑞松の「錆止塗料及び其塗法」が記念すべき特許第1号として認定されています。第一次世界大戦後になると米国で硝化綿ラッカーが作られました。速乾性の光沢塗料としてフォード社の自動車塗装にも用いられ、日本にも輸入されるようになりました。昭和初期にはフェノール樹脂、フタル酸樹脂が開発され、合成樹脂塗料のさきがけになりました。

第二次世界大戦中は飛行機用、船底用塗料の研究が中心で大きな進展はありませんでした。戦後に入って1948年には日本塗料工業会が設立されました。51年頃にはメラミン樹脂、エポキシ樹脂、ビニル樹脂、ポリエステル樹脂、塩化ビニル・酢酸ビニル樹脂などが開発され、本格的な合成樹脂塗料の時代に入りました。また昭和30年代（55年）以降は、高度成長の波に乗って塗料の生産量も大幅に増加するようになり、塗料の品質も各分野の要請に応じ高いものになりました。

1973年、82年には2回の石油ショックがあり、また90年代初めからのバブル崩壊で塗料業界も厳しい試練を受けましたが、近年は発展著しい中国、東南アジアを中心に海外展開するなど目覚しい変化をしながら成長を続けています。

塗料産業は国内では成熟産業と言えますが世界的にはまだまだ伸びる成長産業です。

要点BOX
- 1873年、日本初の塗料会社が設立
- 第一次大戦後は硝化綿ラッカーが脚光
- 第二次大戦後は合成樹脂塗料の時代

日本の特許第一号は漆をベースにした錆止塗料

堀田瑞松「錆止塗料及ビ其塗法」1884年

東京府平民堀田瑞松ヨリ明治十八年七月一日ニ出願シ明治十八年八月十四日附ヲ以テ十五箇年ヲ期限トシ特許シタル第壹號専賣特許證ニ屬スル明細書摘要左ノ如シ

　堀田錆止塗料及ビ其塗法

鐵製及ビ鋼製ノ艦体橋梁其他全賣製ノ機械器具等ノ錆蝕ヲ豫防スルニ使用スベキ新奇有益ノ塗料即チ命ジテ堀田錆止塗料ト稱スル組成劑及ビ其塗法ヲ發明セリ之ヲ左ニ明解ス

此塗料ニ四種アリ其第一號塗料ハ生漆、鐵粉、鉛丹、油煤、柿澁、酢及ビ鐵漿第二號塗料ハ生漆、鐵粉、鉛丹、油煤、柿澁、酒精、生姜、酢及ビ鐵漿第三號塗料ハ生漆、鐵粉、鉛丹、油煤、柿澁、生姜、酢及ビ鐵漿第四號塗料ハ生漆、鐵粉、鉛丹、油煤、酢及ビ鐵漿ヲ混合攪擾シテ製成スルモノトス即チ其成分ノ割合ヲ掲グル事左ノ如シ

第一號塗料　　　　　匁
一　生漆　　　一〇〇、〇
一　鐵粉　　　　二〇、〇
一　鉛丹　　　　　二、〇
一　油煤　　　　　〇、三
一　柿澁　　　　　一、〇
一　酒精　　　　　〇、四
一　生姜　　　　　〇、四
一　酢　　　　　　一、〇
一　鐵漿　　　　　〇、五

第二號塗料　　　　　匁
一　生漆　　　一〇〇、〇
一　鐵粉　　　　二〇、〇
一　鉛丹　　　　　二、〇
一　油煤　　　　　〇、三
一　柿澁　　　　　一、〇
一　生姜　　　　　〇、四
一　酢　　　　　　一、〇
一　鐵漿　　　　　〇、五

第三號塗料　　　　　匁
一　生漆　　　一〇〇、〇
一　鐵粉　　　　二〇、〇
一　鉛丹　　　　　二、〇
一　油煤　　　　　〇、三
一　柿澁　　　　　一、〇
一　生姜　　　　　〇、四
一　酢　　　　　　一、〇
一　鐵漿　　　　　〇、五

第四號塗料　　　　　匁
一　生漆　　　一〇〇、〇
一　鐵粉　　　　二〇、〇
一　鉛丹　　　　　二、〇
一　油煤　　　　　〇、三
一　酢　　　　　　一、〇
一　鐵漿　　　　　〇、五

出典：特許庁資料

● 第1章　塗料によって美しく

4 どれくらいの量の塗料がつくられているの？

生産量やタイプ別でみると

日本塗料工業会の資料「日本の塗料工業'06」を見てみましょう。

世界の主要国の2003年度の塗料生産量は、アメリカが706万トンで1位、以下、中国が242万トン、ドイツが205万トン、日本が178万トン、イタリアが112万トン、スペインが101万トンという具合になります。

一部の国でデータが入手できていないところもありますが、大雑把に言うと北米で約800万トン、欧州で750万トン、日本を含むアジアパシフィックで750万トン、計2300万トンを生産していると言ったところでしょうか。03年の生産量と90年の生産量の比は、中国が260％、インドが378％と大きく伸長し、アメリカ、ドイツなどの先進工業国も130％を超える好調な推移を示していますが、日本は残念ながら81％と低迷しています。

日本における塗料生産量の推移は、1950年にわずかに8・4万トンであったのが、高度成長期を経て急速に増大し、88年には200万トンを超えました。しかし90年をピークに減少、横這い傾向になっています。

05年度の日本における品種別生産量では、合成樹脂塗料が全体の67・1％を占め、その他塗料が7・4％、シンナーが25・5％になっています。合成樹脂塗料の内訳では溶剤型塗料が38・3％、水系塗料が22・8％、固形樹脂塗料が6・0％になっています。溶剤型塗料では各種樹脂塗料が比較的平均的に生産されていますが、水系塗料はエマルションペイントと最近伸長著しい自動車用などの水性樹脂塗料が拮抗しています。また、固形樹脂塗料の大半は道路用マーキング塗料であり、いわゆる粉体塗料は1・6％を占めるに過ぎません。塗料分野では環境問題、とくに溶剤削減は待ったなしの課題です。今後、水性樹脂塗料、粉体塗料の増加が予想されます。

要点BOX
● 世界一の生産国はアメリカ、日本は4位
● 国内の合成樹脂塗料の内訳は溶剤型が多く、水系、固形樹脂塗料の順

日本の塗料生産量の推移

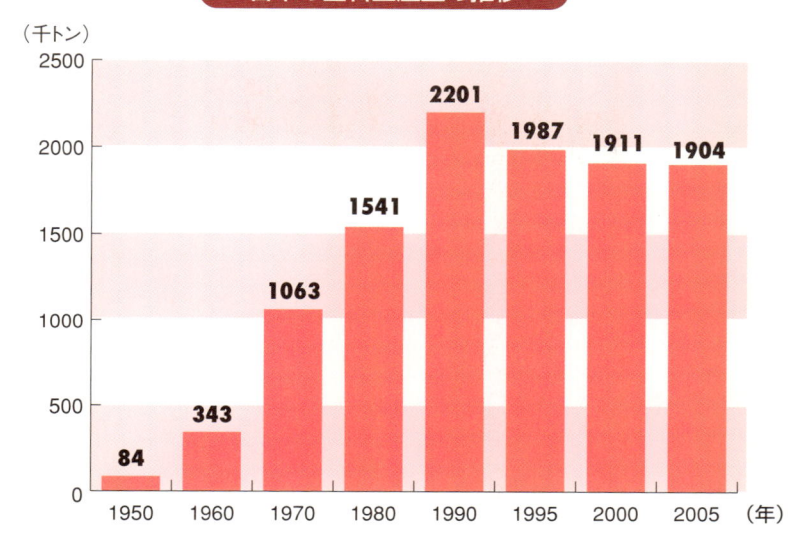

年	生産量（千トン）
1950	84
1960	343
1970	1063
1980	1541
1990	2201
1995	1987
2000	1911
2005	1904

品種別塗料生産量構成比（2005年度）

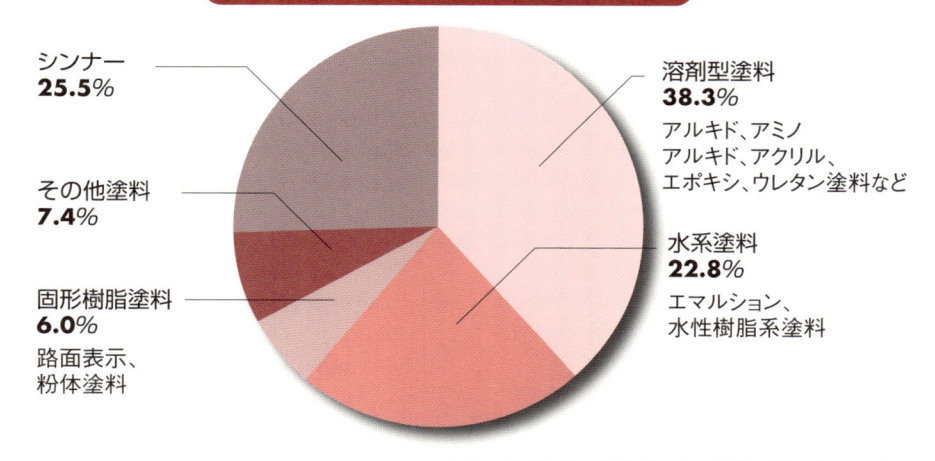

- 溶剤型塗料 **38.3**%
  アルキド、アミノアルキド、アクリル、エポキシ、ウレタン塗料など
- 水系塗料 **22.8**%
  エマルション、水性樹脂系塗料
- シンナー **25.5**%
- その他塗料 **7.4**%
- 固形樹脂塗料 **6.0**%
  路面表示、粉体塗料

出典：日本塗料工業会「日本の塗料工業'06」2007年

● 第1章 塗料によって美しく

5 塗料はどんな所に使われているの？

自動車から家庭用まであらゆるところに

私たちは日頃意識していませんが、周りをよく見ると塗料が塗られているものばかりです。

これらの塗料は大きく分けて、工場の塗装ラインで塗られるいわゆる工業塗料と、すでにでき上がっている構造物などに後から塗装する汎用塗料に分けられます。工業塗料では、塗装条件を管理した状態で塗装することができますが、汎用塗料では塗装は温湿度の影響を直接的に受け、ときには塗装中に雨が降るというようなこともあります。また塗装膜厚も作業者の技能に依存することになり、塗装の管理が重要になってきます。

再び日本塗料工業会の「日本の塗料工業'06」の2004年度の需要量の構成を見てみましょう。

最も需要の大きい分野は建物で26・4％を占めます。これに建築資材を加えると32％になり、全体の3分の1を占めることになります。次に大きいのは道路車両であり、新車が16％、自動車補修が3・7％で計19・7％になります。なお、04年度の新車の生産台数に占める輸出台数の割合は47・2％であり、新車に塗られた塗料の約半分が輸出されたことになります。

次いで大きい分野は金属製品用で8・4％です。電気機械用、機械用、構造物用、船舶用、道路標識用の分野はいずれも5％前後で拮抗し、各分野で幅広く用いられていることが分かります。自動車、金属製品、電気機械等の分野ではこれら製造企業が海外生産を活発に進め、需要構造が変化しています。また木工用は海外品に押されて減少し、家庭用は少ないのが特徴です。それは日本では海外と異なり、白木の文化を持っているからです。

2004年度の地域別需要量比を見ますと、関東・甲信越が最も多く38・4％、以下、中部16・1％、近畿15・7％、九州・沖縄9・1％、その他16・8％で、輸出は3・9％になっています。

要点BOX
- 塗料の使用量が最も多いのは建物と建築資材用途で合計32％
- 2番目に多いのは自動車で約20％

2004年度塗料の分野別需要量構成比

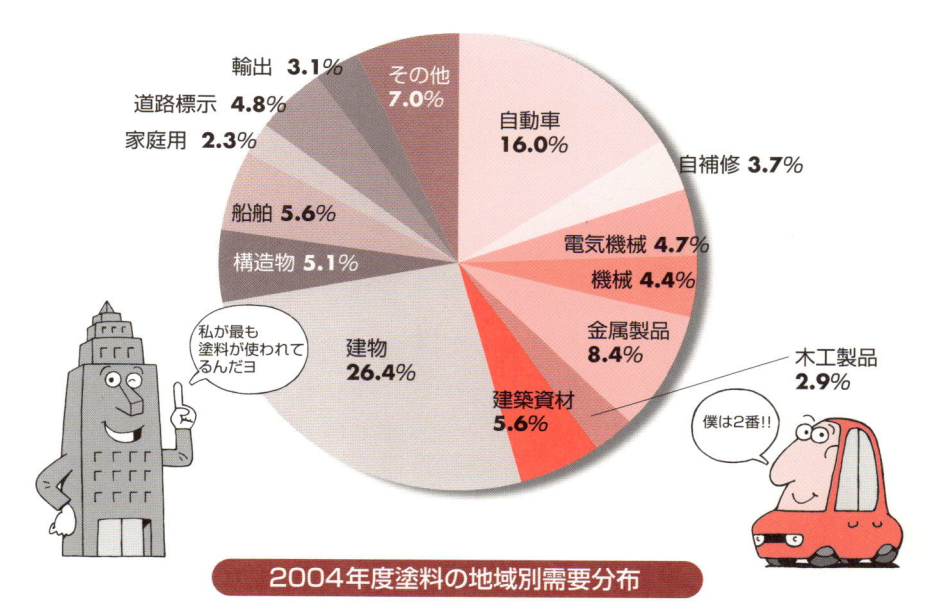

- 自動車 16.0%
- 自補修 3.7%
- 電気機械 4.7%
- 機械 4.4%
- 金属製品 8.4%
- 木工製品 2.9%
- 建築資材 5.6%
- 建物 26.4%
- 構造物 5.1%
- 船舶 5.6%
- 家庭用 2.3%
- 道路標示 4.8%
- 輸出 3.1%
- その他 7.0%

私が最も塗料が使われてるんだヨ

僕は2番!!

2004年度塗料の地域別需要分布

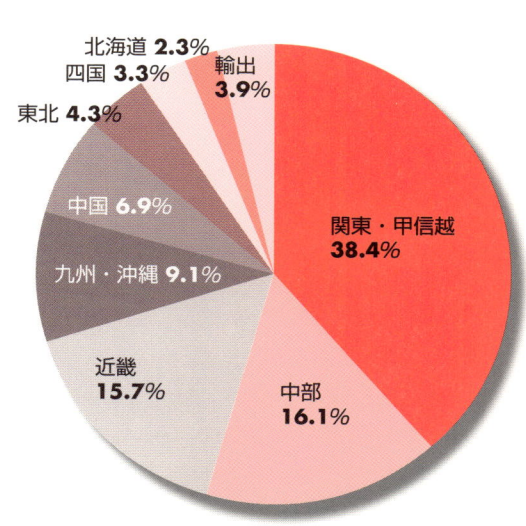

- 関東・甲信越 38.4%
- 中部 16.1%
- 近畿 15.7%
- 九州・沖縄 9.1%
- 中国 6.9%
- 東北 4.3%
- 四国 3.3%
- 北海道 2.3%
- 輸出 3.9%

出典：日本塗料工業会「日本の塗料工業'06」2007年

Column

ナヤシとクロメ

縄文時代は私たちが想像する以上に豊かな時代だったようです。漆に関して言えば、木、竹、布、土器に塗られた出土品が数多く発掘されています。

長い歴史を持つ漆の製造過程を見てみましょう。漆は日本ではウルシノキから採取されますが、日本で行われている採取法は10〜15年程度に成長した木から1シーズンだけ採取し、採取後は木を切って再発芽させる、いわゆる「殺し掻き法」という方法です。日をずらしながら漆の木に順次傷をつけ、そこから分泌される漆液を掻きへらで採取します。大体、1本の木から200グラムの漆が取れるそうです。

この漆液を濾過したものが生漆（きうるし）で、下地用や摺り漆という技法に用いられます。生漆を室温で攪拌する工程をナヤシ、ついで40℃程度に加熱して攪拌をする工程をクロメといいます。こうした工程をへることで漆の水分が30％程度から数％に減少し、各成分が均一に混合され、ウルシオールと呼ばれる漆の主成分の反応が進み、上質の漆になります。こうしてできた漆を素黒目（すぐろめ）漆と言います。クロメの段階で乾性油等を加えることもあります。色漆は使用時に漆に顔料を混合して調整しますが、黒漆は先の工程中に鉄分を添加し、ウルシオールと反応させることで、透明性の高い黒色を得ることができます。

漆は現在は輸入品、特に中国産がほとんどですが、品質の良い日本産の漆液の組成はウルシオール60〜65％、水25〜30％、ゴム質（多糖類）5〜7％、ラッカーゼ0・1％、糖タンパク質3〜5％となっており、油中水滴型のエマルションになっています。

第2章
塗料の成分を見てみよう

6 塗料の成分を見てみよう

塗料は樹脂、硬化剤、顔料、添加剤、溶剤の混合物です。この中で、溶剤は塗装時に蒸発して放散し、塗膜成分にはなりません。色をつける目的の着色顔料を含むものをエナメル塗料、これを含まないものをクリヤ（透明）塗料と言います。また、樹脂、硬化剤、溶剤は系の媒体という意味でビヒクル（展色料）と呼びます。

樹脂と硬化剤の選択は塗料の性能を左右する最も大きな要因です。樹脂は用途に応じてさまざまな種類が選択されます。例えば、金属の下塗り用には付着力のあるエポキシ樹脂が用いられ、太陽光の照射に強く透明感のある上塗りにはアクリル樹脂が用いられます。また、塩化ゴム塗料のように溶剤に樹脂を溶解させて、溶剤の蒸発のみによって塗膜になる塗料や、油変性アルキド樹脂塗料のように空気中の酸素で硬化する塗料、アルキド・メラミン樹脂塗料のように主剤と硬化剤が焼付けにより硬化する塗料など、乾燥・硬化の形態もさまざまです。

顔料には色をつける目的の着色顔料、錆の発生を抑制する錆止め顔料、充填剤として用いる体質顔料などがあります。顔料の選択は色味や色の耐久性のほか、塗膜の硬さや伸びといった性能に大きく影響するため大変重要です。

溶剤は塗料が均一で滑らかな塗膜になるよう流動性を良くし、泡の消去を助け、乾燥速度を調整する働きをします。溶剤は樹脂や硬化剤を溶解して均一な溶液にすると共に、顔料表面を濡らし顔料の分散を助ける働きもあります。

添加剤は塗料に少量加えられることによって、塗料の表面張力や粘度を変えたり、いろいろな特定の機能を発揮する材料です。顔料分散剤、表面調整剤、たれ防止剤、消泡剤、はじき防止剤、紫外線吸収剤、防かび剤などさまざまな添加剤が選択されて用いられています。

塗料は多成分混合のハイブリッド製品

要点BOX
- ●塗料の成分は樹脂、硬化剤、顔料、添加剤、溶剤
- ●着色顔料を含む塗料がエナメル塗料
- ●着色顔料を含まない塗料がクリヤ塗料

塗料の成分

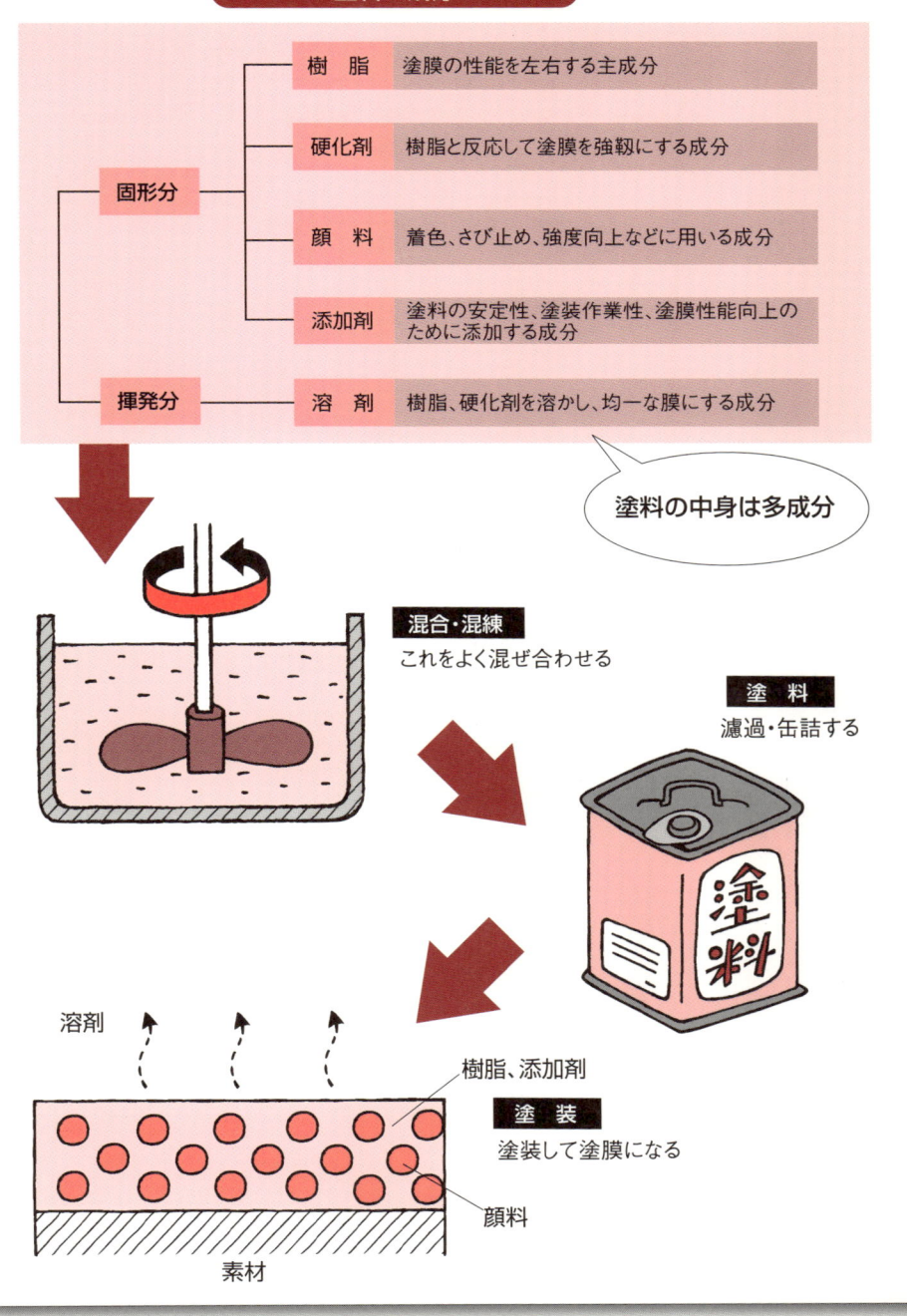

- 固形分
  - 樹　脂：塗膜の性能を左右する主成分
  - 硬化剤：樹脂と反応して塗膜を強靱にする成分
  - 顔　料：着色、さび止め、強度向上などに用いる成分
  - 添加剤：塗料の安定性、塗装作業性、塗膜性能向上のために添加する成分
- 揮発分
  - 溶　剤：樹脂、硬化剤を溶かし、均一な膜にする成分

塗料の中身は多成分

混合・混練
これをよく混ぜ合わせる

塗料
濾過・缶詰する

塗装
塗装して塗膜になる

溶剤
樹脂、添加剤
顔料
素材

● 第2章 塗料の成分を見てみよう

7 塗料の形態を見てみよう

溶剤型から粉体まで形態によって特徴が決まる

塗料はその形態から液状塗料と粉体状塗料に分けられます。大半の塗料は液状で、溶剤型塗料、無溶剤型塗料、水性塗料があります。以下に各々の特徴を述べます。

溶剤型塗料は樹脂、硬化剤を溶剤に溶解し、顔料等を分散・混合した最も一般的な塗料です。乾燥性、塗装作業性に優れ、均質な塗膜が得られます。溶剤型塗料はその固形分濃度によって低固形分（約10～40%）、中固形分（約40%～70%）、高固形分（約70%以上）塗料に分けられます。この固形分%はあくまでも目安ですが、塗料中のVOC（揮発性有機化合物）が環境問題化する中、いかにして溶剤量を削減するかが塗料技術の最重要課題になっています。

無溶剤型塗料は溶剤を用いず100%固形分になる液状の塗料です。例えば、スチレンで希釈した不飽和ポリエステル樹脂塗料、アクリルモノマーとオリゴマーを混合した紫外線硬化塗料などがあげられます。

水性塗料は溶剤を水に置換えた塗料です。水に溶解する水溶性樹脂を用いた塗料は塗膜性能が劣るため、通常は水に粒子状に分散した樹脂を用います。代表例に、建築用のエマルション塗料があり、これは0.1～1μm（マイクロメーター）程度の粒径のポリマーエマルションを用いたものです。工業用途にもポリマー粒子分散型の水性塗料が多く用いられます。また、水性塗料であっても塗装作業性や成膜性向上のため少量の有機溶剤を用いることが一般的です。水性塗料では乾燥のコントロールが重要です。

粉体塗料は固形樹脂と顔料を溶融・混練し、数十μm程度の粒径になるよう微粉砕した粉状の塗料です。粉体塗料は焼付時に溶融して均一膜をつくりますが、塗料そのものの凝集がなく、かつ、塗膜外観性が良好な塗料を得ることが課題の1つです。このほか、固形樹脂と顔料を施工現場で溶融・混合して用いる道路標示塗料も粉体状塗料です。

要点BOX
- 塗料には液状塗料と粉体状塗料がある
- 液状塗料には溶剤型、無溶剤型、水性塗料がある

塗料の形態による分類

- 液　状
  - 溶剤型塗料　　樹脂を有機溶剤に溶解した塗料
  - 無溶剤型塗料　反応性希釈剤などを用いた溶剤を含まない塗料
  - 水性塗料　　　水に溶解したり、分散させた樹脂を用いる塗料
- 粉体状
  - 粉体塗料　　　固体樹脂を微粉砕した塗料

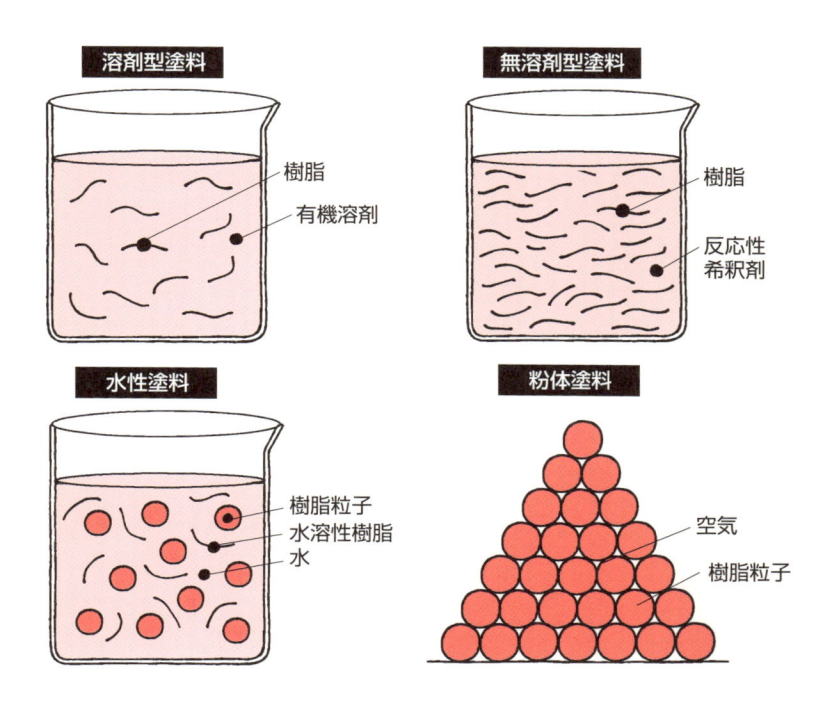

溶剤型塗料
- 樹脂
- 有機溶剤

無溶剤型塗料
- 樹脂
- 反応性希釈剤

水性塗料
- 樹脂粒子
- 水溶性樹脂
- 水

粉体塗料
- 空気
- 樹脂粒子

8 樹脂を選ぼう

目的・用途に応じた選択が重要

樹脂と硬化剤の選択は塗膜の性能を支配する最大の因子です。現在、多くの種類の樹脂が用いられていますが、目的・用途に応じた適切な選択が必要です。樹脂は分子量（分子の大きさ）が小さいと溶剤に溶けやすい反面、塗膜の性能が低下します。また分子量が大きいと溶剤に溶けにくく、溶解しても固形分が低くなります。したがって塗料では通常、分子量が数万以下のものを用いています。

樹脂には熱可塑性樹脂と熱硬化性樹脂があります。熱可塑性樹脂は溶剤蒸発や加熱によって塗膜を形成する樹脂です。したがって、樹脂の特性がそのまま塗膜の特性になるため、塩化ビニル樹脂、塩化ゴム樹脂のように分子量の大きな樹脂を用いることが多くなります。

一方、熱硬化性樹脂は何らかの化学反応によって硬化する樹脂です。熱可塑性樹脂が成膜後も加熱によって流動したり、溶剤に再溶解するのに対し、熱硬化性樹脂は硬化後の加熱によって流動したり、再溶解することはありません。これは化学反応によって樹脂分子間あるいは樹脂／硬化剤間の反応による三次元網目構造が形成されるためです。このことによって硬度、耐薬品性、耐汚染性、耐候性などが向上し、硬くて強い塗膜になります。また、こうした樹脂は比較的低分子量で溶液粘度も低く取扱いが容易という利点があります。したがって、工業用途では熱硬化性樹脂塗料を用いることが多くなります。

これらの塗料は樹脂の種類によって違いが出てきます。例えば、エポキシ樹脂のように耐候性には劣るが金属への付着性が良好で下塗りに適するもの、アクリル樹脂やポリエステル樹脂のように光沢があり耐候性が良好で上塗りに適するものがあります。また、硬化剤を用いる塗料では1液型か、塗装時に主剤と硬化剤を混合して用いる2液型であるかも作業上重要です。

要点BOX
- 樹脂には熱可塑性と熱硬化性樹脂がある
- 硬化反応で性能が向上
- 目的、用途に応じた樹脂の選択が重要

樹脂には熱可塑性と熱硬化性がある

樹脂
- 熱可塑性樹脂
  - 高分子量樹脂液からの溶剤蒸発などで塗膜になる
  - 塗膜は溶剤に溶け、熱により溶融する
- 熱硬化性樹脂
  - 低分子量樹脂と硬化剤の反応により塗膜になる
  - 塗膜は溶剤に溶けず、熱によって流動しない

主な塗料用樹脂と用途

主な塗料用樹脂	下塗用	上塗用	主な用途
熱可塑性樹脂			
ロジン	△	−	木工、特殊用途
ニトロセルロース	−	○	木工、金属
塩化ビニル	−	○	船、金属
塩化ゴム	△	○	船、構造物
酢酸ビニルエマルション	○	−	建築内装
アクリルエマルション	△	○	建築用、工業用
熱硬化性樹脂			
アルキド	△	○	建築、構造物
不飽和ポリエステル（2液）	−	○	木工、ボート
ポリエステル／メラミン	△	○	工業用、金属、自動車
ポリエステル／ポリイソシアネート（2液）	△	○	工業用、金属、木工
アクリル／メラミン	△	○	工業用、金属、自動車
アクリル／ポリイソシアネート（2液）	△	○	工業用、金属、自補修
フェノール	○	−	缶、金属
エポキシ／ポリアミン（2液）	○	−	金属、船舶、重防食、工業用

△:素材により使用可能　○:使用可能

●第2章　塗料の成分を見てみよう

9 乾燥するものと硬化するもの

塗料の成膜は物理的と化学的

塗料は塗装され、乾燥・硬化して塗膜になります。この過程を成膜過程と言います。成膜過程は物理的な成膜と化学的な成膜に分けて考えることができます。ここでは物理的な成膜と化学的な成膜の違いや特徴を紹介しましょう。

物理的な成膜の1つに、ポリマー溶液からの溶剤の蒸発による成膜があります。これは、ニトロセルロースラッカーや塩化ゴム塗料のように、単に塗液から溶剤が蒸発することによって成膜するものです。

もう1つの物理的な成膜には、ポリマー粒子の融着による成膜があります。これは、エマルション塗料が代表例です。水の蒸発に伴い粒子が近接、融着して成膜するものです。このほかに可塑剤中にビニル樹脂を粒子分散したビニルゾル塗料や、加熱による粒子融着で成膜する熱可塑性粉体塗料があります。

化学的な成膜は8節の熱硬化性樹脂塗料の成膜です。例えば、アルキド樹脂はポリエステル樹脂の一部に不飽和脂肪酸や乾性油を重合したものです。この不飽和基（ーC＝Cー）を起因とするラジカルの生成、酸素の付加などによって硬化します。不飽和ポリエステル樹脂は不飽和基を含むフマル酸を樹脂の一部に重合し、希釈剤として用いるスチレンと共に過酸化物で硬化させるものです。また、アクリル／メラミン樹脂塗料は水酸基（ーOH）を含有するアクリル樹脂とアルコキシメチロール基（ーNCH₂ーOR）をもつメラミン樹脂を反応させるものです。同様にアクリル／ウレタン樹脂塗料は水酸基をもつアクリル樹脂とイソシアネート基（ーNCO）をもつポリイソシアネートを反応させるものです。化学的な成膜では硬化条件により反応率が異なるため硬化温度は大変重要です。多くの塗料では溶剤蒸発と硬化反応を併用しています。エマルション塗料においても単に水の蒸発だけでなく硬化反応を併用し、塗膜性能を向上させることがなされています。

要点BOX
- 成膜には物理的成膜と化学的成膜がある
- 溶剤蒸発による成膜は物理的
- 硬化反応による成膜は化学的

成膜の仕方

物理的な成膜

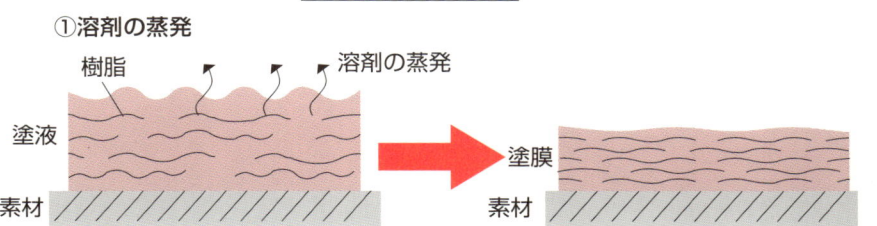

①溶剤の蒸発

樹脂／溶剤の蒸発
塗液／素材 → 塗膜／素材

②粒子の融着（エマルションの場合）

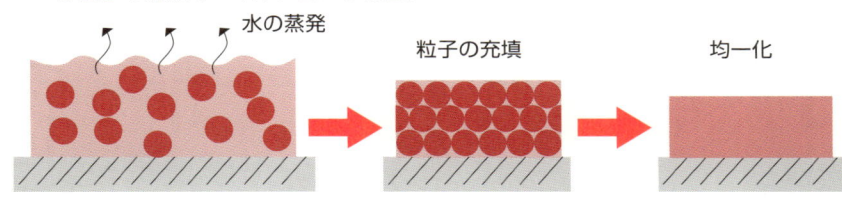

水の蒸発 → 粒子の充填 → 均一化

化学的な成膜（硬化）

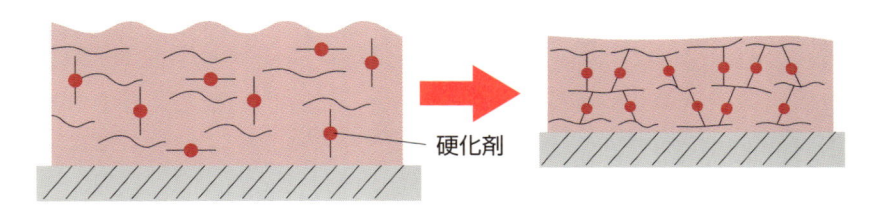

硬化剤

（代表例）

① 樹脂 $-OH$ ＋ メラミン樹脂 $-CH_2OR$ → 樹脂 $-OCH_2-$ メラミン樹脂 ＋ $ROH\uparrow$

② 樹脂 $-OH$ ＋ ポリイソシアネート $-NCO$ → 樹脂 $-O\text{-}CO\text{-}NH-$ ポリイソシアネート

③ エポキシ樹脂 $-CH-CH_2$ ＋ ポリアミン $-NH_2$ → エポキシ樹脂 $-CH-CH_2-NH-$ ポリアミン
　　　　　　　＼O／　　　　　　　　　　　　　　　　　　　　　　　|
　　　　　　　　　　　　　　　　　　　　　　　　　　　　　　　　OH

● 第2章 塗料の成分を見てみよう

10 顔料を選ぼう

色の表現から充填剤まで

顔料は着色などの目的で用いられる樹脂、溶剤、水などに不溶の粒子で、溶解するものは染料といいます。塗膜性能に及ぼす顔料の影響も極めて大きいものがあります。顔料は従来、体質顔料、錆止め顔料、着色顔料に分類されていましたが、これ以外にフレーク顔料、機能性顔料があります。

体質顔料は例えばクレー、タルクのように樹脂成分と屈折率に大差がなく、混合するとほぼ透明になる顔料ですが、加えることによって塗膜を硬く強くしたり、研磨しやすくしたりする効果があります。

錆止め顔料は金属の錆発生を抑えるために下塗りに用いられる顔料です。例えば、亜鉛末のように電気化学的に防食するもの、ジンククロメートのようにクロムイオンを供給するもの、シアナミド鉛のように表面をアルカリ性にするものなどがあり、防錆に効果がありますが、重金属を含む顔料の使用はできなくなってきています。

着色顔料には有機顔料、無機顔料を含め多くの種類があります。顔料は色味、着色力、下地の隠ぺい力、耐薬品性、耐候性を配慮して選択します。錆止め顔料同様、黄鉛、クロムバーミリオンなどの重金属を含む顔料は使用されなくなっています。有機顔料は一般に鮮明な色と着色力をもちますが、隠ぺい力や顔料の分散性に劣る傾向があります。

また、フレーク顔料は鱗片状のアルミニウム、酸化チタンコートしたマイカ、着色マイカ、シリカフレークなどで、自動車塗装には欠かせない特殊な色彩を与え、意匠開発に欠かせない顔料になっています。フレーク顔料については59節を参照してください。

機能性顔料は塗料にさまざまな機能を付与するために用いる顔料であり、例えば蛍光顔料、示温顔料、導電性顔料、断熱性・遮熱性顔料、潤滑性顔料、光触媒顔料などがあげられます。

要点BOX
- ●顔料には体質、錆止め、着色、フレーク、機能性顔料がある
- ●着色顔料は種類が多く適切な選択が必要

顔料の種類

分類		代表例
体質顔料		炭酸カルシウム、タルク、クレー、カオリン、硫酸バリウム　等
錆止顔料		亜鉛末、ジンククロメート、鉛丹、亜酸化鉛、ストロンチウムクロメート、リンモリブデン酸系顔料、シアナミド鉛　等
着色顔料	無機着色顔料	酸化チタン、酸化亜鉛、黄鉛、黄色酸化鉄、べんがら、モリブデン赤、クロムグリーン、紺青、群青、カーボンブラック　等
	有機着色顔料	ハンザエロー、ペリレンレッド、キナクリドンレッド、チオインジゴレッド、フタロシアニングリーン、フタロシアニンブルー　等
フレーク顔料		アルミニウム、マイカ、着色マイカ、ガラスフレーク、シリカフレーク　等
機能性顔料		蛍光顔料、示温顔料、導電性顔料、断熱・遮熱顔料、潤滑性顔料、光触媒顔料　等

●第2章　塗料の成分を見てみよう

11 溶剤を選ぼう

溶解力と蒸発速度が選択のポイント

溶剤は樹脂成分を溶解、あるいは希釈して適切な塗装粘度に調整し、均一な膜になるよう塗り広げるためにとても大切な材料です。

「似たもの同士はよく溶ける」と言いますが、樹脂と溶剤の化学構造が近いものは溶けやすいことになります。溶剤には炭化水素系、ケトン系、エステル系、エーテル系、アルコール系溶剤があります。炭化水素系は最も極性が低く、アルコール系は最も高く、その他のものはこの中間に位置されます。例えば油性塗料は炭化水素溶剤のみで溶解しますが、アクリル樹脂、ビニル樹脂などはケトン系、エステル系を用いて溶解力を向上させるなど溶解力のバランスを考えた溶剤組成にする必要があります。

溶剤の蒸発量は蒸気圧と分子量の積が支配因子になります。沸点は分かりやすいのですが、蒸発速度の尺度にするのはやや無理があります。実用的には酢酸ブチルの蒸発速度を1とした時の各溶剤の実測の

相対蒸発速度を参照すると良いでしょう。乾燥の過程で塗膜中に残存する溶剤が樹脂の溶解不良を起こさないよう溶剤配合を設計します。高蒸発速度の溶剤は塗装後急速に蒸発し、固形分を上昇させるのに有効ですが、あまり急速な蒸発は空気中の水分を塗膜表面に結露・白化させる「ブラッシング」と言う現象を起こします。中・低蒸発速度の溶剤は蒸発のバランスをとり均一な塗膜が形成できるよう用います。塗装時に加えて粘度調整に用いるシンナー（希釈剤の意味）も同様の考え方で、溶解性と蒸発速度のバランスをとる組成になっています。

溶剤は大変便利な材料として塗料に多用されてきましたが、光化学スモッグの発生原因になりやすいトルエン、キシレンの規制から始まり、現在は全VOC（揮発性有機化合物）の規制がなされ、その削減が塗料工業の最も大きな課題になっています。

要点BOX
- ●溶剤は溶解力と蒸発速度を考慮して使用
- ●溶剤は低、中、高沸点溶剤を組み合わせる
- ●溶剤量の削減は塗料業界の最大課題

溶剤の極性と相対蒸発速度

極性　低い ← → 高い

相対蒸発速度

- 10
  - ジエチルエーテル（11.0）
  - ヘキサン（7.2）
  - シクロヘキサン（4.5）
  - アセトン（5.6）
  - 酢酸エチル（4.2）
  - ヘプタン（3.62）
  - メチルエチルケトン（3.7）
  - トルエン（2.0）
  - ジオキサン（1.65）
  - エタノール（1.54）
  - メチルイソブチルケトン（1.6）
  - イソプロパノール（1.5）
- 1
  - 酢酸ブチル（1.0）
  - m-キシレン（0.76）
  - i-ブタノール（0.64）
  - n-ブタノール（0.47）
  - シクロヘキサノン（0.32）
  - エチレングリコールモノエチルエーテル（0.38）
  - 水（0.38）
  - メチルシクロヘキサノン（0.2）
  - エチレングリコールモノエチルエーテルアセテート（0.2）
  - ジアセトンアルコール（0.15）
- 0.1
  - エチレングリコールモノブチルエーテル（0.08）
  - プロピレングリコールモノブチルエーテル（0.07）
  - プロピレングリコールモノメチルエーテルアセテート（0.44）
  - イソホロン（0.026）
  - ジエチレングリコールモノメチルエーテル（0.02）
- 0.01

＊）図中の数字は酢酸ブチルの蒸発速度を1としたときの相対蒸発速度

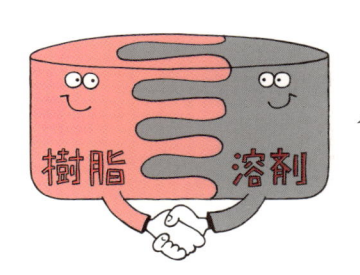

化学構造が近いとよく溶けるのさ！

樹脂　溶剤

12 添加剤を選ぼう

少量で大きな効果を発揮する添加剤

添加剤は塗料に少量添加して要求する効果を発揮する材料で、さまざまな添加剤が活用されています。添加剤には塗料製造時および塗装・成膜時に有効なもの、塗膜形成後効果を発揮するものがあります。

塗料を製造・貯蔵する際に活躍する添加剤には湿潤剤、顔料分散剤、沈降防止剤、増粘剤等があります。湿潤剤は顔料表面を濡らし、顔料分散剤は分散した顔料に吸着し顔料同士が再凝集しないよう安定化させる添加剤です。沈降防止剤は比重の大きな顔料などが沈降しないよう粘性を与える添加剤です。

良好な塗装作業性や塗膜外観性を得るためにたれ止め剤、レベリング剤、はじき防止剤、わき防止剤が用いられます。たれ防止剤にはアマイドワックス、有機ベントナイト、微粉シリカ、ポリマーマイクロゲルなど多くの品種があります。その他の添加剤は主として表面張力を調整する添加剤です。はじき防止剤は表面張力を下げ、わき防止剤は局部的な表面張力の低下により塗装時に巻き込んだ空気を破泡するものです。

塗膜の性能を向上させる添加剤として、柔軟性を与える可塑剤、微粉シリカやポリマー微粒子による艶消し剤、擦り傷防止剤、潤滑助剤などがあります。また、太陽光による劣化を防ぐために紫外線吸収剤や光安定剤が用いられます。

さらに塗膜にさまざまな機能を付与する添加剤が用いられます。例えば、防腐剤、防かび剤、抗菌剤、あるいは養藻剤のように生物に対して機能をもつ添加剤や、帯電防止剤、難燃剤、防汚剤のように目的に応じた添加剤が選択されます。

添加剤は大変有効なものですが、添加によって目的とする以外の塗膜性能を低下させないか、ほかの成分と反応して塗料の安定性を低下させないかなど、使用にあたっては注意が必要で、その選択は試行錯誤にならざるを得ません。

要点BOX
- ●少量で効果を発揮する添加剤
- ●目的に応じた多くの添加剤がある
- ●添加剤の選択は経験的になりがちである

各種添加剤

- **塗料製造・貯蔵時に有効な添加剤**
  - 湿潤剤、顔料分散剤
  - 増粘剤、沈降防止剤
  - 皮ばり防止剤

- **塗装・成膜時に有効な添加剤**
  - たれ止め剤
  - レベリング剤
  - はじき防止剤
  - わき防止剤
  - 硬化触媒

- **塗膜性能向上・機能性付与に有効な添加剤**
  - 可塑剤
  - つや消剤
  - すり傷防止剤
  - 紫外線吸収剤、光安定剤
  - 防腐剤、防かび剤、抗菌剤、養藻剤
  - 帯電防止剤
  - 難燃剤
  - 防汚剤　等

養藻塗料のおかげで育ったんだ

たれ止め剤の添加効果の例

塗布厚さ（μm）

無添加	たれ止め剤A	たれ止め剤B

75
100
150
200
250

※）異なった膜厚に塗布し、垂直に立てて、たれを判定する

● 第2章 塗料の成分を見てみよう

13 塗料をつくる

顔料分散と調色が重要なポイント

6節に述べたように、塗料は多成分の混合系であり、液中で各成分が均一に分布するよう設計されています。

塗料を製造するときに最も注意を必要とするのは顔料分散と調色です。顔料はその種類によって分散の容易さが異なります。一般に無機顔料は表面の極性が高く有機溶剤には濡れやすい性質をもっていますが、有機顔料は必ずしも濡れやすいものばかりではありません。

粉末状の顔料は一般に凝集しており機械的な力をかけて分散し、分散した顔料が再凝集しないよう安定化させる必要があります。樹脂や顔料分散剤は顔料表面に吸着し、顔料の分散状態を安定化する働きがあります。顔料分散機にはボールミル、サンドグラインダー、アトライター、横型分散機などさまざまな方式がありますが、分散メディアと呼ばれるガラスビーズ、ジルコニアビーズ、セラミックボールなどに回転、剪断力を加えその力によって分散します。顔料分散が不十分だと塗膜表面がざらついたり、光沢不良を生じ、塗膜性能が低下します。製造にあたってはつぶゲージと呼ばれる連続して深さの異なる溝をもつゲージに塗料を満たし、ナイフブレードで掻きとって粒が現れる深さで判定します。

顔料分散を行うにあたって全配合を混合して分散させるのは生産効率が低いため、一部の樹脂、溶剤を用いて顔料分散体を製造し、後で残りの成分を加えます。この分散体をミルベースと言います。

調色も大切な工程です。塗料はさまざまな色の着色顔料のミルベースを混合して目的とする色に色合わせ（調色）されます。色は製品のデザイン上、厳密に規定されているため、色差計や目視判定によって一定の範囲内に管理されます。できあがった塗料は、濾過され、規格試験により性状、性能を確認した後、缶詰されて出荷されます。

要点BOX
- ●顔料分散が重要な工程
- ●分散はミルベース配合で実施
- ●調色は製品デザイン上重要

溶剤型塗料の製造工程

樹脂 **硬化剤** **顔料** **溶剤** **添加剤**

予備混合
← 全体を均一に混合する

分散
モーター　ディスク　ビーズ
予備混合液
← 顔料を十分に分散する

混合調色
← 所定の色に色合せをする

濾過缶詰
← フィルターを通して計量、缶詰をする

● 第2章　塗料の成分を見てみよう

14 粉体塗料をつくる

溶融混練と粉砕によって製造

固体の樹脂、硬化剤、顔料等を混練、粉砕して作る粉体塗料は溶剤型塗料と製造工程が異なります。

まず、各原料を高速回転混合機で予備混合します。これは撹拌容器の底についた強力な撹拌ブレードで粉体原料を混合するものです。一部に液体原料を用いる必要がある場合は、あらかじめ樹脂の一部と溶融混合し、粉砕したものを用いるのが一般的です予備混合し、粉砕したものはエクストルーダーと呼ばれる装置で溶融混練します。装置は樹脂の融点以上で、なおかつ硬化反応が起こらない110℃程度に設定され、粉体原料をスクリューで押し出し、出口付近でかかる圧力によって顔料等を均一に分散するものです。溶剤型塗料と比べ顔料分散が困難で、分散の良否が塗膜の性能、例えば、色、光沢、外観性、耐候性に大きく影響しますので大変重要な工程です。また、粉体塗料では後から色を合わせることができませんので、あらかじめ予備試験で決めた着色顔料の比率で計量調色します。

エクストルーダーで溶融した分散物はつきたての餅のような状態です。この分散体は冷却ロールで薄く延ばされ、冷却ベルトコンベアで冷却され、粗いペレット状に粉砕されます。さらにペレットはハンマーミルのような機械粉砕機によって微粉砕されます。粉砕条件によって粉体塗料の粒度分布が異なります。粉体塗料の粒度が大きいと塗膜の外観性(オレンジピールと呼ばれる蜜柑肌のような表面の凹凸)が劣り、小さすぎると粉体塗料の流動性が低下し、また静電塗装(25節参照)時の帯電が低下するため、通常、数十μmになるよう粉砕します。粉砕された粉体はサイクロンやバッグフィルターで捕集され、振動ふるいや気流分級機などによって大粒子を取り除いて製品になります。

近年、外観性改良のための微粒子粉体塗料や、アルミニウム粉を粉体塗料に結合したボンディング粉体塗料が開発され注目されています。

要点BOX
- ●粉体塗料は溶融混練して混合する
- ●溶融後、微粉砕して分級する
- ●粒度分布は塗膜外観性上重要

粉体塗料の製造工程

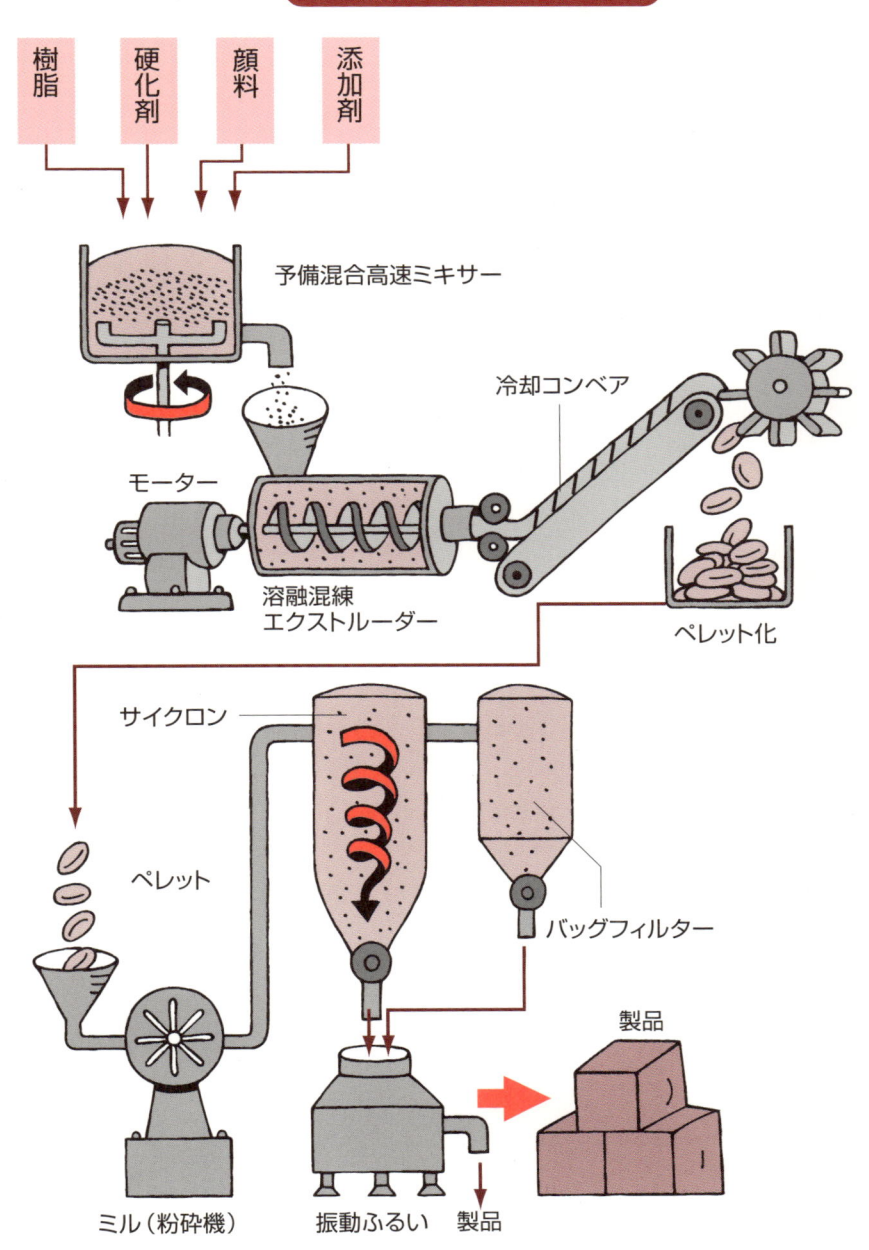

- 樹脂
- 硬化剤
- 顔料
- 添加剤

↓

予備混合高速ミキサー

モーター → 溶融混練エクストルーダー → 冷却コンベア → ペレット化

ペレット → ミル（粉砕機） → サイクロン → バッグフィルター → 振動ふるい → 製品

Column

軟らかい物と硬い物

塗料は色々な成分を混ぜ合わせてつくりますが、その中で無機顔料にスポットライトを当ててみましょう。

無機顔料を塗料に混ぜていくのは硬さという点から見るとプラスチックに砂粒を混ぜていくのと同じようなものです。ですから乾燥・硬化した塗膜は顔料の量が増えると共に硬く、強くなり、一方で伸びなくなる傾向をもちます。これを顔料充填効果といいます。

顔料は充填剤や着色剤の働きだけでなく、塗膜の物理的な性能を変えますので、特に硬さを要求されるような場合は積極的にこうした手法をとります。勿論、砂粒がどの程度入ると物理的な性能がどの程度変わるかは、顔料のサイズ、形状によって変わります。例えば、白顔料はその種類によって比重が異なりますので、この場合、顔料をどれだけ加えたかは重量でなく体積で考えた方が良く、この変曲点を臨界顔料体積濃度（CPVC）と呼んでいます。CPVCは塗膜中の顔料濃度を考える上で大事な指標です。

である酸化チタンは球形、タルクは板状、炭酸カルシウムは棒状の形をしており、同じ充填量でも塗膜の強さや伸びなどの性能は異なります。

さらに顔料表面に樹脂が良く吸着している場合とそうでない場合では塗膜の性能が大きく変わります。

ところで、顔料の量をどんどん増やしていきますと、ある量から引張り強さや水蒸気透過性などが急激に変化することが見られます。これは顔料量がふえることによって、顔料の表面を包み、且つその粒子間の空隙を埋める樹脂の量が足りなくなったためと考えられます。顔料はその種類によって比

● 臨界体積顔料濃度

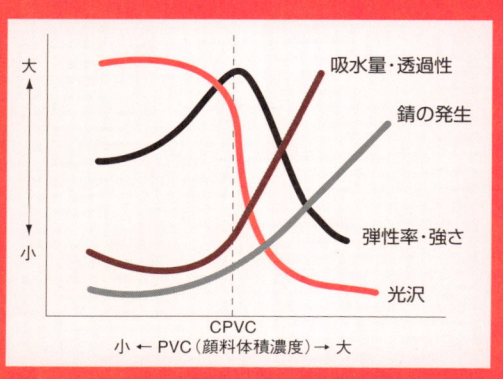

吸水量・透過性
錆の発生
弾性率・強さ
光沢

CPVC
小 ← PVC（顔料体積濃度）→ 大

第3章

塗料の塗り方と
よくある塗装欠陥

● 第3章 塗料の塗り方とよくある塗装欠陥

15 塗料はこのように膜を形成する

塗膜はチョコとクッキーの2種類

塗料は被塗物あっての存在で、どんな形状の被塗物をも被覆しなければなりません。そのためには次の2点が必要条件となります。

（1）塗れること（流動すること：液体）
（2）いつまでもドロドロしないで固まること（塗膜になること：固体）

沢山の塗料が製品化されていますが、一般的に理解されているのは、塗料をペンキと呼ぶことと、種類で分けると①水性か油性か、②屋根用、床用、壁用、プラモデル用などの用途別のものがあることくらいでしょうか。塗料、塗装分野の人間はペンキとかペンキ屋と呼ばれることを好みません。塗料と言う化学工業製品を開発し、適切な管理の下で塗装し、社会に貢献することが私たちの誇りです。

水性塗料も油性塗料も固化し、被膜（塗膜）を形成しなければ塗装の目的を達成することができません。固化したら、全ての塗料はチョコとクッキータイプの2種類のみに分類されます。すなわち、塗膜を加熱した時、チョコのように流動するものと、クッキーのように流動しないものとに分類されます。この違いを生じる原因は何でしょうか？

液体が固体になる乾燥・硬化過程（第2章9節）に秘密があります。塗料が乾く間に、塗膜になる樹脂成分の分子量が増大するかしないかです。化学反応で分子量が増大する塗料はクッキーになるし、化学反応しない（分子量不変）塗料はチョコになるのです。化粧品のネイルエナメルはチョコタイプの塗料です。速乾性で、容易に溶剤で除去できることが特徴です。屋根用の塗料には耐候性が必要ですから、丈夫な膜になるクッキータイプがお薦めです。ほとんどの水性塗料は塗膜になるポリマーが水中に粒子として分散しており、粒子同士の融着により連続した塗膜になります。塗料が固化する様式を図に示します。

要点BOX
- 塗料は流動して、固化する機能性材料
- 固化したら、チョコとクッキーの2種類のみ
- ネイルエナメルはチョコタイプの塗料

塗料の固化様式

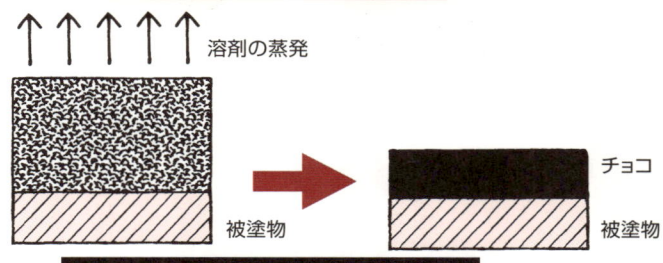

(a) チョコタイプの塗膜を形成する塗料
（チョコ：熱可逆性樹脂塗膜）

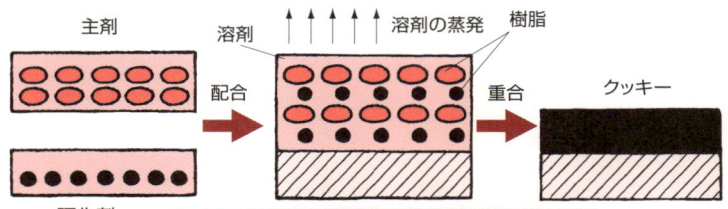

溶剤の蒸発 / 被塗物 / チョコ / 被塗物

(b) クッキータイプの塗膜を形成する塗料
（クッキー：熱硬化性樹脂塗膜）

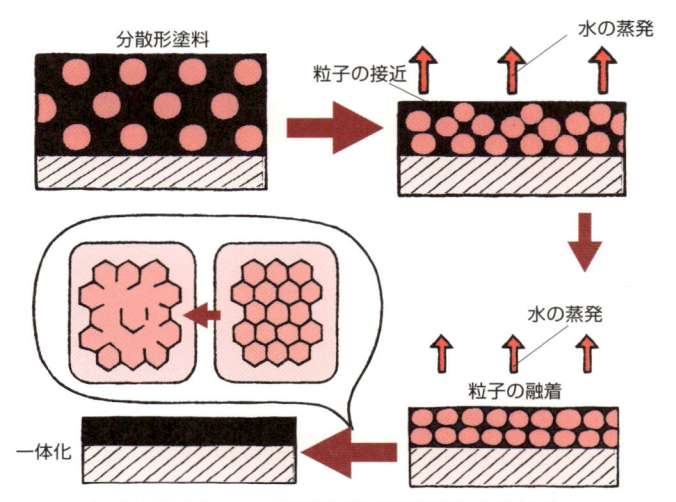

主剤 / 溶剤 / 溶剤の蒸発 / 樹脂 / 配合 / 重合 / クッキー / 硬化剤

(c) 水性エマルション塗料

分散形塗料 / 粒子の接近 / 水の蒸発 / 水の蒸発 / 粒子の融着 / 一体化

連続被膜が形成される最低温度：最低造膜温度（MFT）

チョコとクッキーの両タイプの塗膜を形成可能

●第3章　塗料の塗り方とよくある塗装欠陥

16 塗る前に大事な素地調整

君の瞳は、10秒に1回程度の割合で瞬きをしています（図1）。そのたびに瞳の表面に水が補給され、その上を素早く油が濡れ広がり、ドライアイを防ぐ役目をします。塗料は被塗物表面にしっかりとくっつくことが必要です。そのためには瞳の水面に油が素早く濡れてゆくように塗料はまず、被塗物表面に濡れ広がることが大切になります。

被塗物表面が汚染されていると、例えば、金属やプラスチックならば油や離型剤が残っていたり、木材ならば毛羽が残っていると、濡れが悪くなり付着障害や美観不足になりかねません。そこで、被塗物表面を塗装できる状態、すなわち、塗料が均一に塗れ広がるように調整することが、塗装の第一歩です。この作業を素地調整と呼びます。

金属の素地調整方法を表1にまとめて示します。第4章36節に示す大型船も、塗替え前には被塗物の隅々まで鋼球を高速で叩きつけ（ショットブラストと呼ぶ）さびや海洋生物などを除去します。さび取り作業をケレンと呼びます。クリーンがなまってケレンになったそうです。4章で述べる車やプレコートメタル（PCM）の素地調整には、りん酸亜鉛化成処理と呼ばれる表面処理が行われます。表面処理液中に鋼板を浸せきすると、鉄の一部は処理液中に溶けて、酸化・還元反応で化成皮膜が形成、熟成されて、鉄表面は細かくち密な結晶（化成皮膜と呼ぶ。2・5g/㎡以下が良い）で被覆されます。この処理で塗料の付着性と防せい性が向上します。表面処理は一般に、図2に示す工程で行われます。

木材の素地調整では毛羽を除去するために水引き研磨を行います。温水で表面を湿らせ、乾燥後に毛羽立った所を逆目から研磨して取り去ります。この他、加工時の刃物による鉄汚染の除去や漂白（ともに、薬品処理で修正）、打痕の修復（アイロン当て）など、他の素材にはない素地調整作業があります。

要点BOX
- 塗装の第1歩は素地調整
- さび取り作業をケレンと呼ぶ
- 化成皮膜処理は金属塗装の必需品

塗料の付着に不可欠な素地調整作業

図1　瞳のしくみ

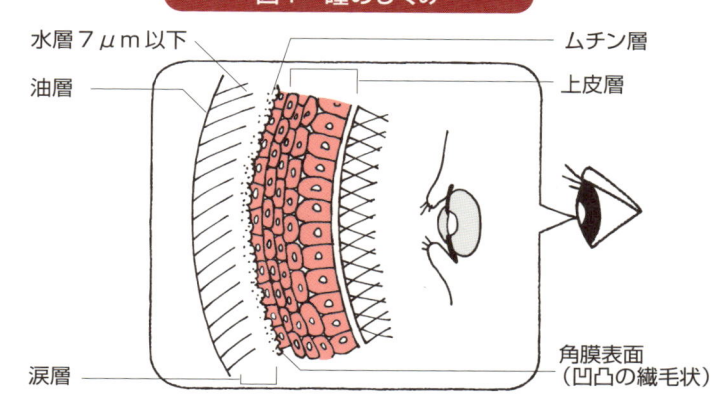

- 水層7μm以下
- 油層
- ムチン層
- 上皮層
- 涙層
- 角膜表面（凹凸の繊毛状）

表1　金属の素地調整

項目	金属	方法	処理
脱脂	各種	アルカリ法	中性洗剤・石けん・苛性ソーダなどに浸せきするか煮沸した後、水洗いする。
		溶剤法	揮発油・灯油・ガソリンなどに浸すか溶剤蒸気で洗浄する
さびの除去	鉄鋼	物理的	1種ケレン（プラスと工法で工場で行う） 2種ケレン（ディスクサンダと手工具） 3種ケレン（主として手工具） （ケレンとは、塗装工事で、さび落としや旧塗膜の除去などを行うことをいう）
		化学的	硫酸洗い 塩酸洗い　→水洗い乾燥 りん酸洗い
皮膜化成処理	鉄鋼	化成処理	りん酸塩化成皮膜処理
	アルミニウム合金		クロメート化成皮膜処理 陽極酸化皮膜処理
	亜鉛引鉄板		りん酸塩化成皮膜処理
	各種		エッチングプライマー（ウォッシュプライマー）処理

図2　金属の表面処理工程

脱脂 → 水洗 → さび落とし（酸洗い） → 水洗 → 表面調整（付着している酸を中和） → 水洗 → 皮膜化成処理 → 後処理（皮膜の欠陥部分を補修） → 水洗（湯洗い） → 乾燥

●第3章　塗料の塗り方とよくある塗装欠陥

17 塗装の憲法　その1

塗装環境の整備と段取りを守る

良い塗装仕上げをするためには守らなければいけない規則があります。特殊なケースもあるので、臨機応変な考え方が必要です。まずは、塗装の憲法なるものを紹介しましょう。

第1条　塗装できる環境を整えること（塗装室の清掃と防塵対策）

塗装面にゴミが付いていたり、小穴やハジキなどがあったら完成とは言えません。塗装作業におけるブツ対策を次に示します。

（1）静電気対策：物と物とが接触するだけで、静電気が発生し、ブツの原因となるチリやホコリを塗装面に呼び込むことになるので、静電気の発生を防止することが大切です。静電気防止対策として、次のことを心がけましょう。①低湿度（70％以下）にしないこと、②通電性のある衣服と靴を着用すること、③被塗物を帯電させないこと。（左図）

（2）空気の流れを作ること：塗装ブースの上部から空気を取り入れて、その空気を床下へ流すようにします。空気の排気量を少なくすれば、塗装スペースは周りより若干、加圧でき、簡易な覆いでもすればブツ対策になります。

第2条　塗装の段取り（3つの要件）を行うこと

（1）目的に合った塗装系の選択……良い材料
（2）適切な塗装仕様の採用……良い設計
（3）十分な作業管理……良い管理

塗装系とは、下塗り、中塗り、上塗り塗料と組み合わせで、塗装仕様とは、素地調整から磨きまでの塗装仕上げに必要な一連の作業（塗装工程）を規定する基準です。塗り工程では塗付量や乾燥時間、後処理工程では研磨作業などを規定します。

左表のエアコン室外機ボックスの塗装仕様例を見ると、採用塗料の種類で塗装工程が変わることがわかります。粉体塗料では1回塗り仕上げが可能です。

要点BOX
- ●塗装は環境整備が大切
- ●意外に重要な静電気対策
- ●塗装の段取りを身につけよう

静電気を防ぐ方法

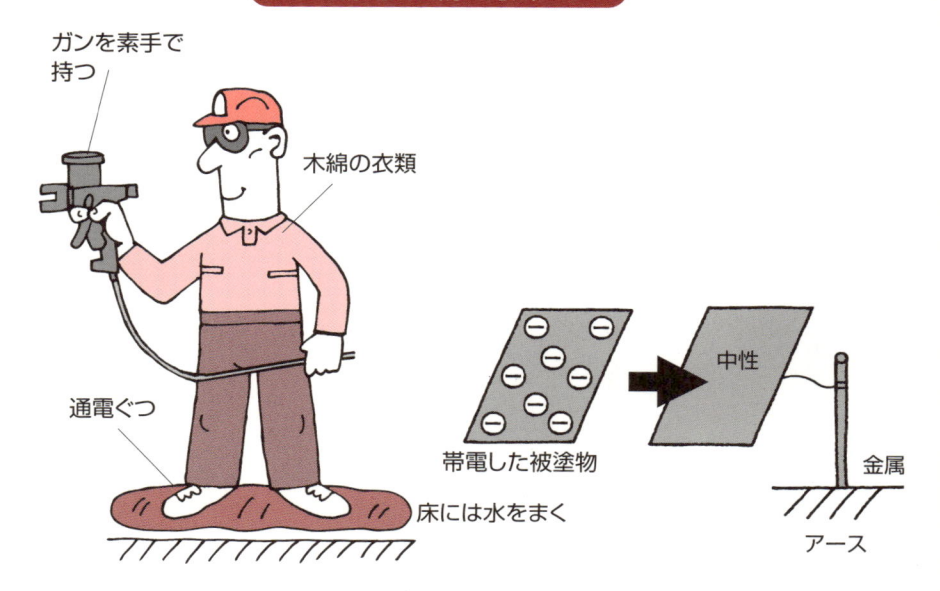

- ガンを素手で持つ
- 木綿の衣類
- 通電ぐつ
- 床には水をまく
- 帯電した被塗物 → 中性
- 金属
- アース

エアコン室外機の焼付け塗装の仕様例

工程	採用塗料 塗装、焼付回数	塗装系の特徴		
		溶剤形塗料 2コート1ベーク	粉体塗料 1コート1ベーク	電着塗料 2コート2ベーク
素材		冷間圧延鋼板または亜鉛めっき鋼板		
前処理		リン酸亜鉛化成処理		
下塗り	樹脂タイプ	エポキシ樹脂系	———	エポキシ樹脂系
	膜厚	15〜25μm	———	15〜20μm
	塗装方法	自動静電	———	カチオン電着
	乾燥	ウェットオンウェット	———	160〜180℃×20分
上塗り	樹脂タイプ	焼付けアクリル樹脂系	ポリエステルまたは焼付けアクリル樹脂系	焼付けアクリル樹脂系
	膜厚	25〜35μm	40〜50μm	25〜35μm
	塗装方法	自動静電	自動静電	自動静電
	乾燥	150〜160℃×20分	160〜180℃×20分	150〜160℃×20分

2コート1ベーク：2回塗り（ここでは下塗りと上塗り）して、焼付けは1回
1コート1ベーク：塗り1回、焼付けは1回

●第3章　塗料の塗り方とよくある塗装欠陥

18 塗装の憲法　その2

塗装系の原則と基本工程、配合を着実に

第3条　塗装系の原則を守るべし

塗装系の選択（上塗りの種類）は下塗り塗料で決まります。下塗りにチョコを選んだら上塗りはチョコになります。一方、下塗りにクッキーを選んだら、上塗りはチョコでもクッキーでも自由に選択できます。（図1）

第4条　塗装作業の基本は塗装工程を確立することである

1回塗りだけで塗装目的を達成することが困難なので、通常は図2に示す作業が施されます。素地調整とそれに付随する後処理工程は被塗物によって大いに異なり、精密に施工されているのは金属です。金属表面は活性であるが故に酸化しやすく、さびから守るには、16節で述べた薄い化成皮膜を形成させる表面処理が効果的です。被塗物にかかわらず一般的に、下塗りには素地との付着性が、中塗りには平滑性と膜厚の付与、上塗りには傷や衝撃に対する強靭性や美粧性が求められます。

第5条　塗りの極意を守るべし

一度に厚塗りをするとタレが生じたり、割れたりします。塗り重ねる場合には、急激な加熱を避け、適切な乾燥条件で、下塗りが十分に乾いてから上塗りをしましょう。（図3）

第6条　塗料配合の原則を守ること。計量は重量で、正確に行うこと

①専用シンナーを使用すること、②硬化剤を混合して貯蔵しないこと、③主剤と硬化剤の配合比を守ること、④塗料はろ過してから使うことを励行しましょう。塗料配合は重量で、メーカー指定の割合で混合してください。その理由は図4に示すように、ジャングルジムを作るパイプ（主剤）とこれらを止める金具（硬化剤）に例えて考えるとわかります。どちらも必要な数だけ無いと、丈夫なジャングルジム（塗膜）を作ることができません。

要点BOX
- ●チョコの上にクッキーはダメ
- ●上塗りまでには意外に多い工程数
- ●塗料は化学物質－正確な取扱いを

図1　塗装系の原則

	✗	○	○
上塗り	クッキー	クッキー、チョコ	チョコ
下塗り	チョコ	クッキー	チョコ

図2　塗装の基本工程

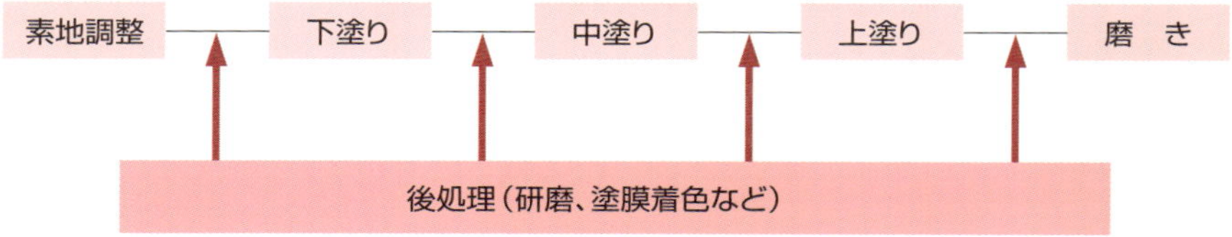

素地調整 → 下塗り → 中塗り → 上塗り → 磨き

後処理（研磨、塗膜着色など）

図3　塗装の極意

一度に厚塗りをしないこと

適切な乾燥条件を守ろう

乾燥してから塗りを重ねよう

図4　塗料配合の原則

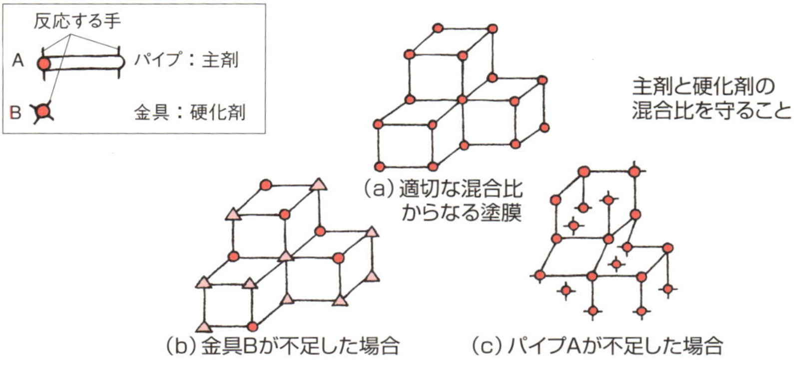

- A　パイプ：主剤
- B　金具：硬化剤
- 反応する手

主剤と硬化剤の混合比を守ること

(a) 適切な混合比からなる塗膜

(b) 金具Bが不足した場合

(c) パイプAが不足した場合

19 塗料の塗り方

塗装の原理を理解し、適材適所に選択しよう

塗装方法は図1に示すように、塗料を直接、被塗物に移行する直接法と、霧にして移行する噴霧法とに大別できます。各方式に属する塗装方法には長所、短所があり、適材適所に選択することが大切です。それは塗装の目的や使用する塗料の粘度、さらに被塗物の形状や大きさが異なるからです。

塗付け能力だけを取り上げると、図2に示すような順位になります。作業スピードではカーテンフローコーターやロールコーターが最も速く、はけ（刷毛）塗りは毎分約2m²と遅いですね。しかし、前者は被塗物の形状に制約を受け平板状でなければ塗装できませんが、はけ塗りには自由度があります。複雑な形状になるとはけでも難しく、霧にして吹付けるスプレー塗装が有利になります。この塗装の欠点は噴霧粒子が飛散するため、塗着効率（塗料使用量の何%が被塗物に付着したかを表す割合）が悪いことです。その後、静電塗装機の出現により塗着効率は大きく向上

しました。

塗装に適する塗料の粘度についてみますと、カーテンフローコーター、ロールコーター、しごき塗りや浸せき塗り（ディッピング）には、高粘度（水の1000～5000倍程度）の塗料が適用可能です。はけやローラ塗りでは水の粘度の200倍程度までは可能ですが、高粘度になるほど作業性も悪く、はけ目が残ったりして仕上がり外観が悪くなります。一般のエアスプレー塗装では水の粘度の50倍程度までしか対応できません。（表1）

単に塗り広げるだけの操作は塗装とはいえません。出来上がった塗膜が被塗物に十分に付着し、期待された機能を果たすには、被塗面との間にすき間があったり、塗膜に穴やはじきなどの欠陥があってはなりません。このことを念頭に置き、被塗物の形状や作業性、塗料の粘度や乾燥性を考慮して、適切な塗装方法を採用することが大切です。

要点BOX
- ●意外と多い塗装方法
- ●塗り方は直接法と噴霧法に大別できる
- ●塗装方法ごとに、塗料粘度には適正な範囲あり

図1 塗装方法の分類

噴霧法

直接法

図2 塗装方法の変遷と塗付け能力の比較

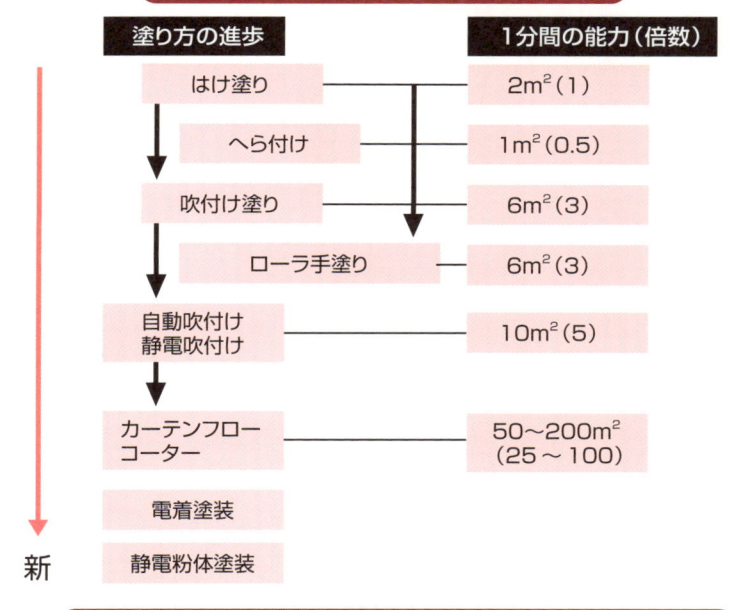

塗り方の進歩	1分間の能力（倍数）
はけ塗り	2m²（1）
へら付け	1m²（0.5）
吹付け塗り	6m²（3）
ローラ手塗り	6m²（3）
自動吹付け 静電吹付け	10m²（5）
カーテンフローコーター	50～200m²（25～100）
電着塗装	
静電粉体塗装	

新

表1 塗装方法の種類による塗着効率と適合する塗料粘度

塗装方法	塗着効率[%]	塗料粘度（mPa·s）
はけ塗り、ローラ塗り	75～80	300～1000
エアスプレー	30	20～40
エアレススプレー	65	100～1000
静電スプレー	70～90	60～100
カーテン、ロールコーター	90	100～300
浸せき塗り	90	2000～10000

20 液膜を転写する高速塗装

均一な厚みの液膜に加工する塗装方式

本題の塗装方式には、ロールコーターおよびカーテンフローコーターが使用されます。

（1）ロールコーターには図1に示すように、ナチュラル形とリバース形の2種類があります。ピックアップロールで塗料を均一に巻き上げ、膜厚調整の役目をするドクターロールに移送され、均一な厚みの液膜状態を保ったままコーティングロールに移動し、このロールから被塗物に転写されます。ナチュラル形はコーティングロールと被塗物の移動方向が同じであり、リバース形のそれは逆です。リバース形はロール目が付きにくく、均一な膜厚が得られることを理解してください。一方、ナチュラルコーターはヘラ付けする時に、ヘラと被塗物が反対方向に動いていると考えればよいのです。リバースコーターはドクターロールで均一化した液膜の断面をコーティングロールで引き裂くように、被塗物に塗料を押し拡げてゆきます。そのため、リバース形に比べるとロール目が残ります。

（2）カーテンフローコーター装置の原理図を図2に示します。塗料をポンプでヘッドへ吸い上げ、均一な隙間（スリット）から押し流すと、まるでカーテンのような液膜ができるので、この名前が付いたのでしょう。一定速度で動くコンベアに乗せた被塗物がカーテン液膜を通過すると、塗料が塗られることになります。カーテンの厚さが均一ならば、塗付量は均一になります。作業効率が良く、合板、スレート板など平板の連続塗装に適します。この方式の欠点は①曲面を有する被塗物には塗れない部分が生じること、②薄く塗れないことです。塗料を流すスリット幅を0.4mm以下にするとカーテンが切れやすく、最低でも0.5～0.6mm程度にします。塗付膜厚は被塗物の移動速度（コンベア速度）に依存し、流速が0.5m/sで、コンベア速度が2.5m/sであれば、塗付膜厚はスリット幅の約5分の1となります。

要点BOX
- ロール方式は塗料を巻き上げ、均一液膜に加工
- 塗料を隙間から押し流し、液膜カーテンに加工
- 平板のみ－被塗物形状に制限あり

図1　ロールコーターの原理

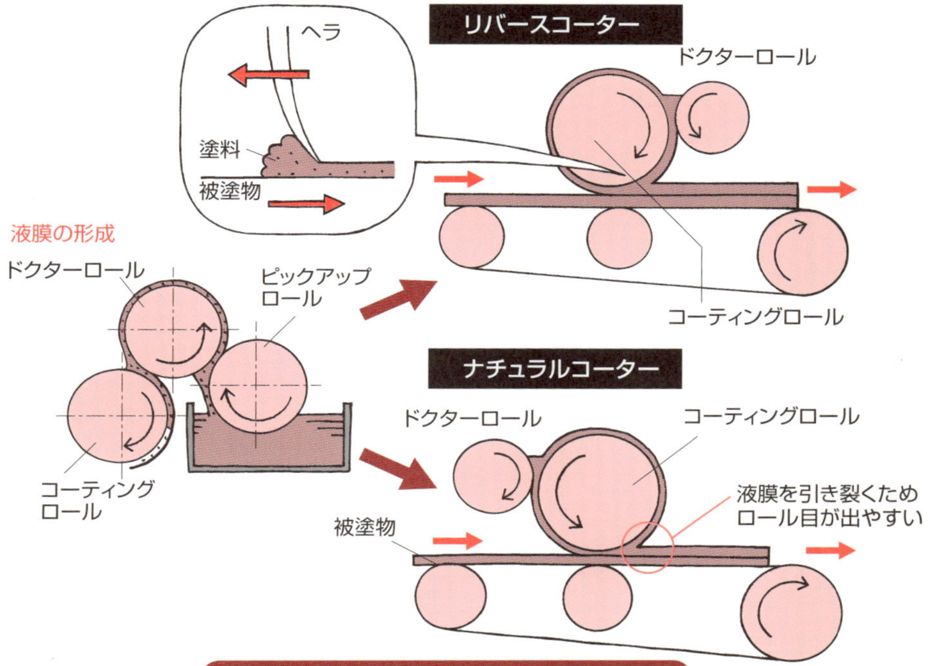

リバースコーター

- ヘラ
- 塗料
- 被塗物
- ドクターロール
- コーティングロール

液膜の形成
- ドクターロール
- ピックアップロール
- コーティングロール

ナチュラルコーター

- ドクターロール
- コーティングロール
- 被塗物
- 液膜を引き裂くためロール目が出やすい

図2　カーテンフローコーターの原理

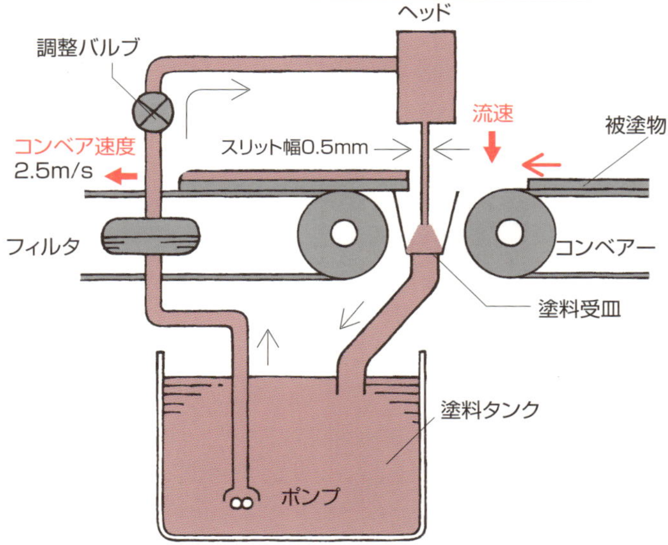

- 調整バルブ
- ヘッド
- 流速
- コンベア速度 2.5m/s
- スリット幅0.5mm
- 被塗物
- フィルタ
- コンベアー
- 塗料受皿
- 塗料タンク
- ポンプ

21 浸せきして塗る方法

ディッピング方式としごき塗り

塗料槽に被塗物をどっぷり浸け、引き上げて乾燥させるディッピング方式（浸せき塗り、ジャブ漬け塗りなど）と塗料を押し込むしごき塗りとに大別されます。液体塗料と粉体塗料の浸せき塗りの原理図を図1に示します。粉体塗料へのディッピングには、粉体中に0.1MPa程度の低圧で空気を送り込み、粉体塗料を流動させます。この中へ加熱した被塗物を浸せきすると、被塗物と接触した粉体は溶融、流動して塗膜になります。水道バルブのような熱容量の大きい鋳造品のような被塗物に適します。

次に、しごき塗りの原理図を図2に示します。被塗物が移動する方式と、塗料槽が移動する方式とがあります。しごき塗りは薄く何回もと言う塗装の理にかなった古来からの技法であり、鉛筆、釣り竿、ゴルフクラブのシャフトや電線など棒状のものを均一に塗るのに適しています。余分の塗料をゴム板やシール材でしごき取る方式のため、形状が一定であれば一度で全体を均一に塗れ、良い仕上がり外観が得られます。ただし、塗料をしごき取るため、塗付量が少なく、膜厚不足になるので塗装回数は増えると言う欠点があります。

1本の鉛筆を塗装仕上げするには、目止め工程も含め、しごき塗りを10回程度行います。ブツやヘコなどはもちろん、目やせも厳しく評価され、合格した製品は見事な外観を呈しています。1本の鉛筆にかけるこの苦労と信念を知れば、おろそかにできません。

34節で説明する明石海峡大橋の鋼鉄製ハンガーロープの塗り替えにも、しごき塗り方式が採用されています。塗料槽が移動するため、高所作業を自動化できることも大きな利点です。ロープの巻き上げ方向に沿って塗料槽が回転しながら下降すると、重力の作用で塗料はロープの内部までよく浸透することがわかりました。さび止め効果を十分に発揮できるとても良い塗装方法が開発されました。

要点BOX
- 粉体塗料もディッピング塗装ができる
- 鉛筆の塗り方は塗装の原点
- 巨大吊り橋のハンガーロープもしごき塗り

図1　浸せき塗りの原理

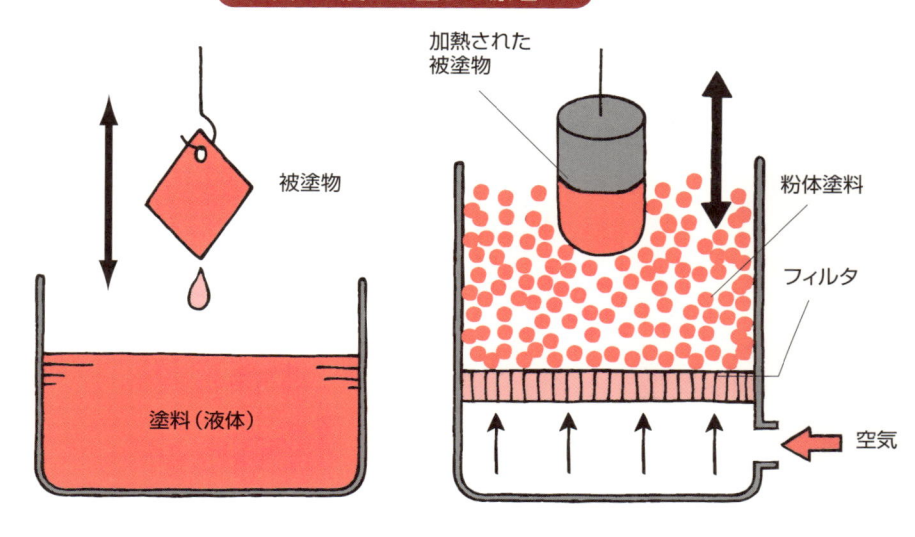

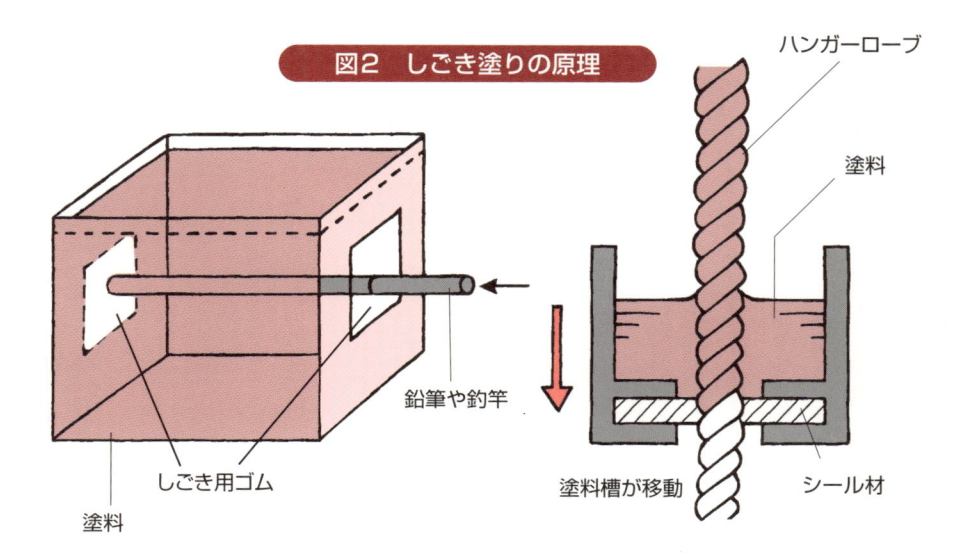

被塗物

塗料（液体）

加熱された被塗物

粉体塗料

フィルタ

空気

図2　しごき塗りの原理

鉛筆や釣竿

しごき用ゴム

塗料

ハンガーロープ

塗料

塗料槽が移動

シール材

用語解説

0.1MPa：粉体中に送り込む空気圧力で、粉体がわずかにふくれ、手が抵抗なく粉体中に埋没する。

22 めっきの原理で塗る水性塗装

被塗物の隅々に移行できる電着塗装

電気化学をベースとする塗装法が電着塗装です。水の電気分解を理解すれば、電着塗装の原理がわかります。図1に示す装置で、電気が流れるように、水の中に電解質（0.1MのNaOHや希酸など）を入れ、白金電極を直流電源に接続します。電圧を上げていくと電流値が上昇し、両極から泡がでてきます。これらの泡は気体の発生を示しており、⊖極からは水素H_2が、⊕極からは酸素O_2が生成します。この現象を化学式で表すと、次のようになります。

⊖極：$2H^+ + 2e^- \to H_2 \uparrow$

⊕極：$2OH^- \to H_2O + (1/2)O_2 \uparrow + 2e^-$

さて、電着塗料のカチオン樹脂は酸性溶液に溶けて、⊕イオンになっています。被塗物を⊖極にして、図2のように直流電源につなぐと、⊕イオンの塗料粒子は⊖極に移動します。この現象を電気泳動と呼びます。

⊖極の被塗物表面では水の電気分解も起こっており、OH^-が生成し、アルカリ性になっています。H^+は電極からe^-（電子）をもらって、H_2ガスになります。

図2（a）に示すように、電気泳動で来た⊕イオンの塗料粒子（カチオン樹脂）はOH^-と中和反応し、⊖電極上で電荷をなくし、水に不溶となり、析出します。この現象を電気析出現象と呼びます。

さらに通電していると、電気浸透という現象が生じます。図2（b）に示すように、⊕イオンの塗料粒子は導電性のある被塗物にさらに近づき、水が絞り出されて、たい積した塗料が融着します。電気析出時の中和反応で生成した水が塗料粒子層から抜けていき、その結果、被塗物のほぼ全面に塗料が付着します。所定時間後、通電を止め、被塗物を取り出し、水洗して余分な塗料を取り除き、乾燥させます。その後、焼付けると、加熱により樹脂成分が流動し、多孔質な塗膜は連続相になり、防せい力を発揮します。

要点BOX
- 電着塗装は導電性のある被塗物に適用可能
- 被塗物を金属で覆うのが電気めっき
- 被塗物を有機被膜で覆うのが電着塗装

図1 水の電気分解

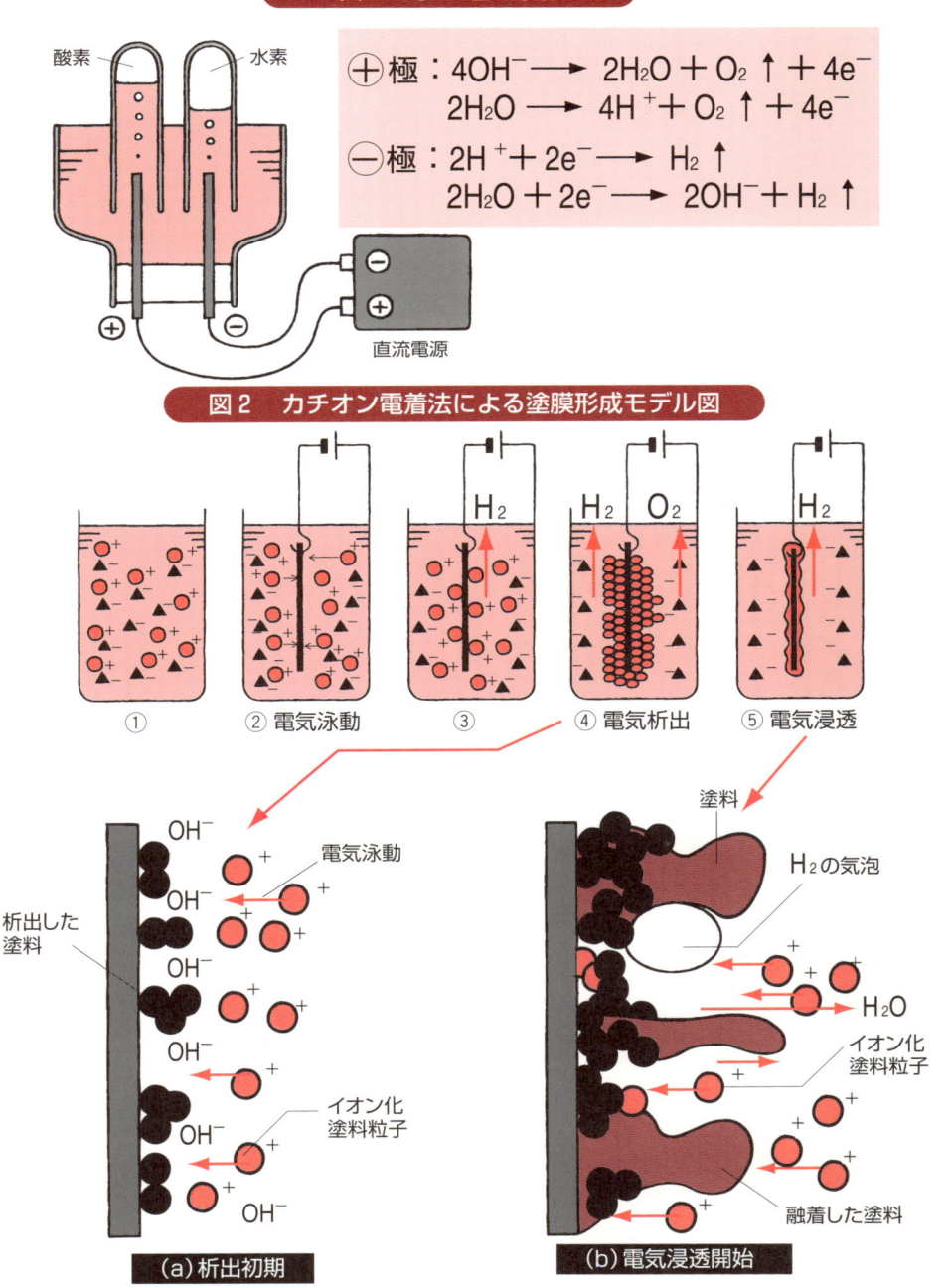

⊕極：$4OH^- \longrightarrow 2H_2O + O_2 \uparrow + 4e^-$
　　　$2H_2O \longrightarrow 4H^+ + O_2 \uparrow + 4e^-$
⊖極：$2H^+ + 2e^- \longrightarrow H_2 \uparrow$
　　　$2H_2O + 2e^- \longrightarrow 2OH^- + H_2 \uparrow$

酸素　水素　直流電源

図2　カチオン電着法による塗膜形成モデル図

① ② 電気泳動 ③ ④ 電気析出 ⑤ 電気浸透

(a) 析出初期
- 析出した塗料
- OH^-
- 電気泳動
- イオン化塗料粒子

(b) 電気浸透開始
- 塗料
- H_2の気泡
- H_2O
- イオン化塗料粒子
- 融着した塗料

23 はけ塗り、ローラ塗り

はけ（刷毛）塗りは古くから用いられている塗装方式です。腕の良い職人ほど道具である刷毛を大切に保管しています。良い塗装するためには手入れの行き届いた道具（工具）が不可欠です。塗料は塗り拡げられることによってせん断力を受け、すき間への入り込みや平坦化（レベリング）が良好になります。乾燥の遅い塗料は刷毛塗りに適します。塗り方の基本は次の4段階です。（図1）

① 塗料の含み（含ませ）：刷毛の毛先から毛たけの2/3位まで塗料を含ませ、容器の内側で毛先を軽くたたき、塗料がたれないようにします。

② 塗料を配る（塗付け）：水平面の場合には左右に配り、垂直面では刷毛を下から上へと一刷毛ごとに塗料を配ります。広い面積の場合には、約80×80cmを一塗り区分として配り、長短がある場合には長手の方向に配ります。

③ 塗料を平均にならす（ならし）：配りの方向とは直角に、塗付けの終わった刷毛で塗料の厚みを均一化します。

④ 刷毛目を通す（むら切り）：均一な厚みにするために、また、刷毛目を整えるために行うことをむら切りと言います。毛先を整えた刷毛で、隅から隅まで平行に刷毛目を通す作業です。隅部の要領を図1（c）に示しますが、隅部以外の途中では塗り継ぎをしないように注意してください。むら切り刷毛と称する平刷毛を用いることもあります。

ローラ塗りは刷毛と工具が違うだけで、塗り方の基本は同じです。一動作で刷毛よりも幅広く塗れるので、ならしの操作が節約できます。図2に示すようにWを書くようにローラを動かし、次に少しずらして同様にWを書くと、ほぼ均一に塗料が配られます。ただし、隅部はあらかじめ刷毛塗りしておき、むら切りはローラブラシを一方向に動かし、ローラ目を通して仕上げます。

要点BOX
- 腕の良い職人ほど刷毛や工具の手入れが良い
- 基本は含み、配り、ならし、はけ目通し
- ローラ塗りも刷毛塗りと同じ手順で行う

はけ塗りの基本手順は塗装全般に通じる極意

図1　はけ塗りの基本動作とはけの種類

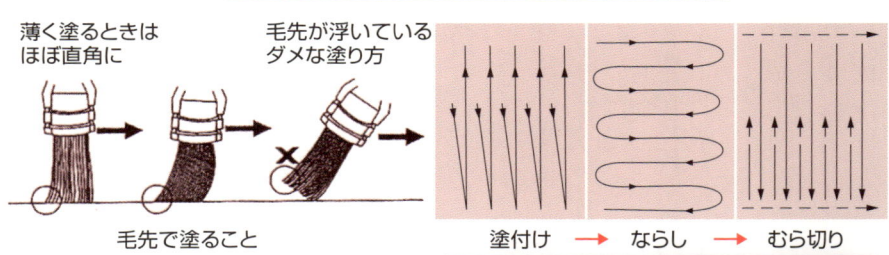

薄く塗るときは
ほぼ直角に

毛先が浮いている
ダメな塗り方

毛先で塗ること
出典：荒井一成「やさしい塗装の技術」民衆社（1991）

(a) 毛先でぬること

塗付け　→　ならし　→　むら切り

(b) 遅乾燥性塗料のはけ塗りの基本動作

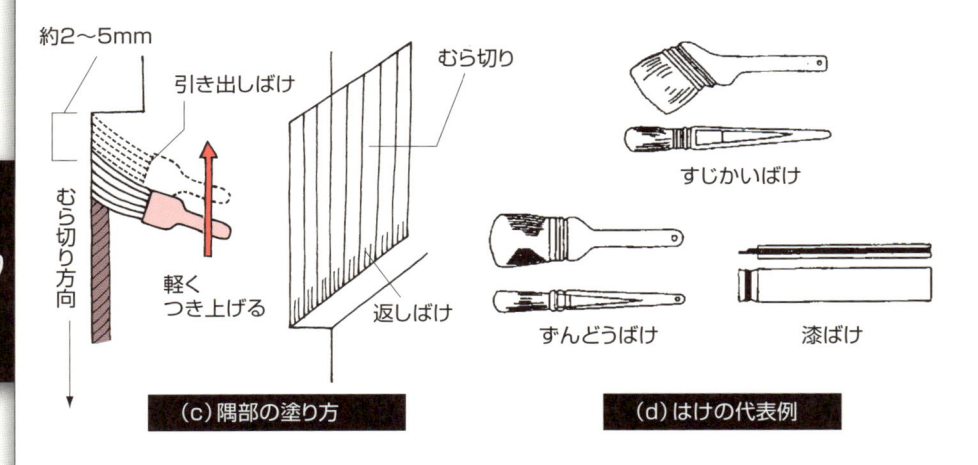

約2〜5mm
引き出しばけ
むら切り方向
軽くつき上げる
むら切り
返しばけ

(c) 隅部の塗り方

すじかいばけ
ずんどうばけ
漆ばけ

(d) はけの代表例

図2　ローラブラシの塗り方

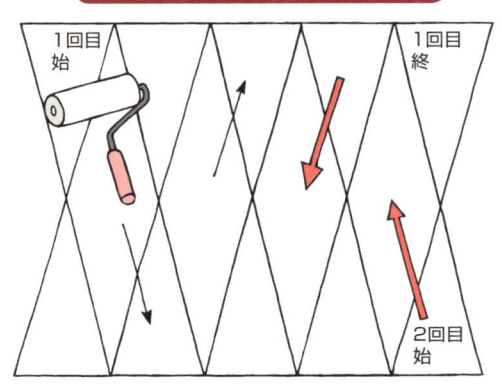

1回目始
1回目終
2回目始

24 スプレー塗り

ひも状液体と空気を衝突させて霧にする

塗料を霧にして塗装する噴霧方法はエア、エアレス、静電スプレー方式に大別され、この順に、塗着効率は向上します。液体をひも状に噴出させ、空気と衝突させると霧になります。この原理を利用したものに霧吹き（図1）や缶スプレーがあります。液体を高速の空気流と衝突させる装置がエアスプレー方式で、高速の液体の流れを静止空気（大気）と衝突させる装置がエアレススプレー方式です。さらに、霧化粒子を帯電させ、主として、被塗物との間で静電界を形成させる装置が静電スプレー方式です。

（1）エアスプレー方式：液体である塗料とエアコンプレッサ（空気圧縮機）で供給される加圧空気とが混合し、塗料に対する空気の容量比が大きいほど霧の粒子は小さくなり、仕上がり外観は良くなります。一般的に使用されているスプレーガンは図2に示す外部混合式です。空気キャップ（図3）には中心空気穴、補助空気穴および側面空気穴（角穴）があります。中心穴は主空気穴であり、ノズル出口で空気流速は亜音速に達し、塗料を霧化し、丸形パターンを作ります。側面空気穴は、この穴から噴出する空気でスプレーパターンを丸形からだ円形に押しつぶします。側面空気の出る角の方向がスプレーガンの移動方向に対面する角が縦方向の場合には横型だ円のパターンが形成され、横方向の場合には縦型だ円のパターンになるからです。

（2）エアレススプレー方式：塗料自体に高圧力をかけるので、高粘度の塗料を吹付けることができます。この高圧力とは10〜30MPa（100〜300kg／cm²）程度の圧力であり、人間の皮膚を貫通するので、絶対に人に向けないように注意してください。弾丸のように噴出された塗料粒子が外部の空気と衝突し、霧化され（図4）、被塗物に付着します。エアスプレーに比べて飛散する粒子が少なく、厚膜塗装ができるので、重防食用途には有効です。

要点BOX
- 液体をひも状に噴出させると霧化できる
- 亜音速空気流と衝突させるエアスプレー
- 高速液体を静止空気に衝突させるエアレス

図1 霧吹きの原理

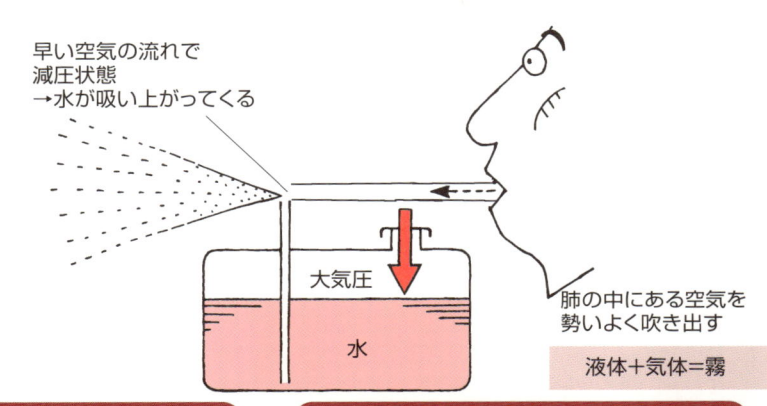

早い空気の流れで減圧状態
→水が吸い上がってくる

大気圧

水

肺の中にある空気を勢いよく吹き出す

液体＋気体＝霧

図2 外部混合式スプレーガン

空気キャップ

塗料
空気

図3 空気キャップによるパターン形成

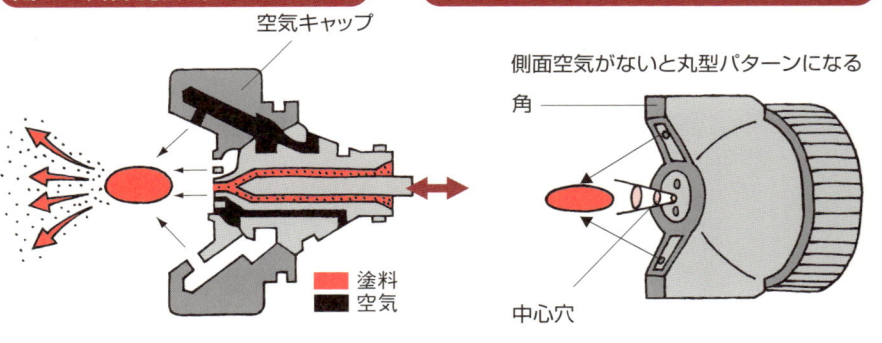

側面空気がないと丸型パターンになる

角

中心穴

図4 エアレススプレーの霧化機構

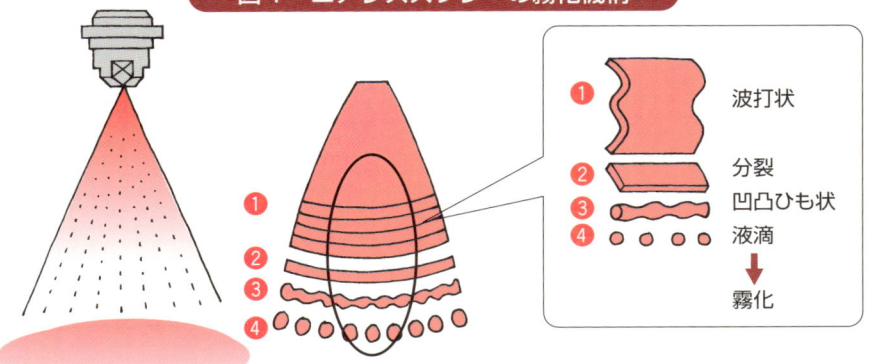

❶ 波打状
❷ 分裂
❸ 凹凸ひも状
❹ 液滴
↓
霧化

エアレスのスプレーパターン（高速液体）

●第3章　塗料の塗り方とよくある塗装欠陥

25 静電スプレー塗り

静電気を上手に使い、塗着効率を高める

静電スプレー方式は、①前述のエア、エアレススプレーの噴霧粒子を帯電させるコロナピン方式、②霧化に遠心力を利用する円盤回転方式または円筒カップ回転方式、③粉体塗料と空気との混合物を帯電させる粉体静電方式に大別できます。それぞれについて、どのような機構で塗装が行われるかを説明します。

（1）コロナピン方式（図1）：エア、エアレススプレーで霧化した噴霧粒子に対して適用する方式です。塗装機先端のコロナピンに高電圧（-3万～10万V）を印加し、⊖に帯電した塗料粒子が静電気の引力でアースされた被塗物に付着します。噴霧粒子は被塗物の裏側に良く塗着し、本章19節で示したように塗着効率が向上します。

（2）円盤回転方式または、円筒カップ回転方式：新車の塗装ラインで実用化されているものが、図2に示すベル型静電塗装機です。塗料の霧化にエアを使用しません。霧化頭の役目をするベル型のカップ内に塗料を供給し、これを高速回転（1万5000～4万rpm）させると、遠心力で塗料が薄く引き延ばされ、カップの縁から放出されると、霧化粒子になります。カップにはコロナピンと同様に-9万V程度の高電圧が印加されており、粒子は帯電します。エア霧化コロナピン方式よりも塗着効率が向上し、仕上がり外観も良好です。

（3）粉体静電方式：液体塗料と同じ機構のコロナピン方式と摩擦帯電のトリボ方式とがありますが、実用的に普及しているのはコロナピン方式です。トリボ方式では高電圧発生機は不要で、図3のように、粉体粒子が空気と混合することで流動し、塗料粒子は塗装機内部の円筒壁面に何回も衝突、摩擦しながら帯電します。円筒壁面にはテフロン製とナイロン製のものがあります。外部電界の影響がなく、帯電粒子を必要な箇所に供給できれば、凹部をはじめ、グリッド形状や複雑形状品の隅々にまでよく塗着します。

要点BOX
- 静電スプレーは高塗着効率を達成できる
- 霧化に遠心力を利用するベル型静電方式
- 粉体は空気があるから流動し、帯電する

図1 静電エアスプレーの原理図とつき回り性の違い

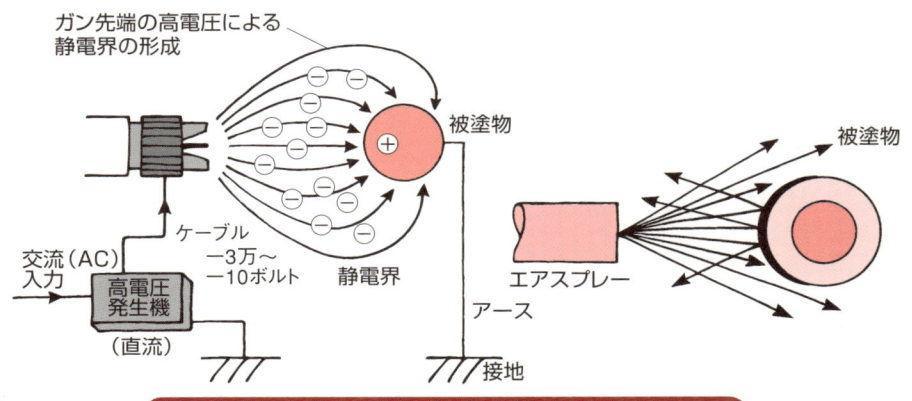

- ガン先端の高電圧による静電界の形成
- 被塗物
- 交流（AC）入力
- 高電圧発生機（直流）
- ケーブル −3万〜−10ボルト
- 静電界
- アース
- 接地
- エアスプレー
- 被塗物

図2 ベル型静電塗装機の霧化機構

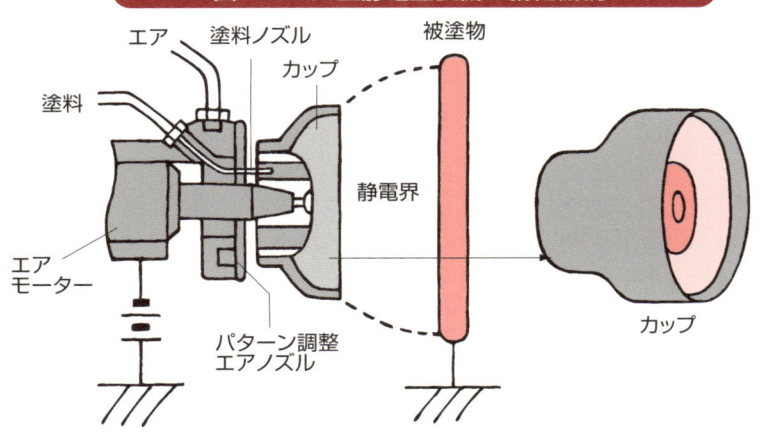

- エア
- 塗料ノズル
- カップ
- 被塗物
- 塗料
- 静電界
- エアモーター
- パターン調整エアノズル
- カップ

図3 トリボ帯電方式による粉体塗装機の原理

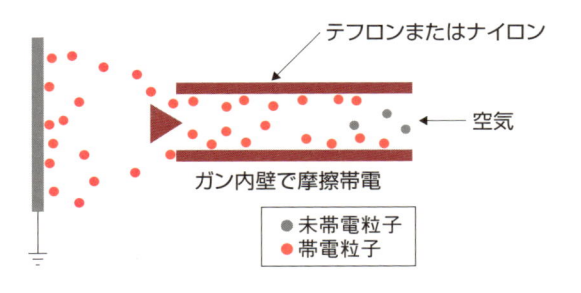

- テフロンまたはナイロン
- 空気
- ガン内壁で摩擦帯電
- ● 未帯電粒子
- ● 帯電粒子

● 第3章 塗料の塗り方とよくある塗装欠陥

26 塗装欠陥（1）

ピンホール、凹みやハジキの対策

塗料は生き物であり、塗料の状態や塗装時あるいは塗膜を形成する過程で予期せぬことが生じ、それらが欠陥を引き起こします。主な欠陥は次のとおりです。

（1）塗料状態の欠陥：皮張り、増粘、ゲル化、分離、沈降、ケーキ化など

（2）塗装時の欠陥：タレまたはタルミ、はけ目、ロール目、ピンホール、凹み、ハジキ、ゆず肌、かぶり（白化、ブラッシング）、つやびけ、ブツなど

（3）塗膜の欠陥：シワ、やせ、軟化、汚れ、白化、白亜化、ふくれ、割れなど

本項と次項で、上記（1）～（3）の中から、馴染みがあると思われる欠陥を選び、解説します。

① ピンホール：塗膜に針で突いたような小穴ができる現象です。塗装時や乾燥の過程で水分・空気・ガスなどの混入や急激な離脱がある時に発生します。主な原因を図に示します。厚く塗りすぎたとき、溶剤の蒸発が速すぎるとき、被塗面の温度が高すぎたときに発生します。木材や鋳造品のような巣穴の多い素地を塗装するとき、塗料は穴の隅までよくぬれないので、乾燥過程で穴中の空気の抜けた穴がピンホールになることがあります。多孔質素地には目止めをしてから塗装すれば、ピンホールを防げます。

② 凹みやハジキ：塗膜が押しのけられたような凹部を生じる現象（図2）です。被塗面に汚染物質が存在すると、この現象が生じやすくなります。例えば、被塗面に塗料よりも表面張力の小さい汚染物質（例えば、油とする）が存在した時には、塗料は被塗面にぬれていくことができず、図3のように挙動し、ハジキを発生します。凹みは塗料の乾燥過程で表面張力の低い成分（シリコーンやワックスなど）が混入した時に発生します。良い塗装仕上げをするために、被塗面を清浄する素地調整・表面処理や塗装環境の整備は重要です。

要点BOX
- 欠陥は自然現象を反映している
- 巣穴の多い素地には目止めが必要
- 被塗面に油があると塗料はハジかれやすい

図1　ピンホールとその要因

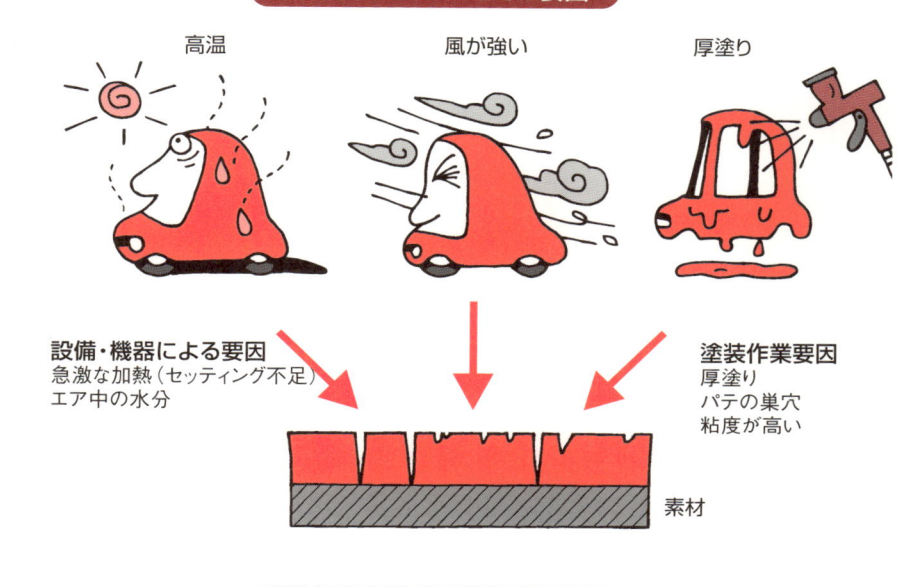

高温　　　風が強い　　　厚塗り

設備・機器による要因
急激な加熱（セッティング不足）
エア中の水分

塗装作業要因
厚塗り
パテの巣穴
粘度が高い

素材

図2　凹みとハジキ

凹み（塗膜内部の現象）　　　ハジキ（素地からの現象）

図3　被塗面に油が存在した時の塗料の挙動

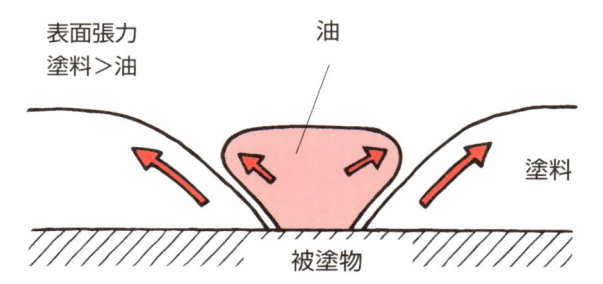

表面張力
塗料＞油

油

塗料

被塗物

用語解説
表面張力：物質を構成する集結力の大きさを表しており、水の表面張力は有機溶剤のそれに比べて約3倍大きい。

27 塗装欠陥（2）

かぶり、シワ、皮張りの対策

③ かぶり（白化、ブラッシング）：雨の日、とくに梅雨時（高温多湿）にスプレー塗装をすると、かすみがかかったように白くぼけてつやが無くなる現象です。注射をする前に、脱脂綿でアルコール消毒をしてもらった時のひんやり感を思い出してください。アルコールが揮発する時に気化熱を奪ったのです。塗装面から溶剤が揮発する時にも同様に、気化熱で塗面の温度は低下します。高湿度の時、わずかな温度低下で塗面近くの水蒸気が水となり、塗膜中に取り込まれます。水の表面張力は塗料よりもはるかに大きく、かつ塗面に付いた水が塗料中に溶解しない時には小さな水滴になり、白化します。

合ペイントや油変性フタル酸（アルキド）樹脂ワニスなどを厚塗りすると、表面層は空気（酸素）と接触して重合しますが、内部は酸素不足で重合反応が不十分です。内部の未反応成分が表面層に拡散し膨潤させるので、表面層はシワになります。油の酸化重合は反応速度が遅いので、油性塗料の厚塗りは避けましょう。1日に1回塗りが良いでしょう。

④ シワ：乾燥した塗装面に図2のようなシワを神社やお寺の木造建築物で見かけることがあるかと思います。油の酸化重合で橋かけ反応する（クッキー塗膜を形成する）油性塗料、いわゆる油性ペンキと呼ばれている合成樹脂調

⑤ 皮張り：塗装欠陥ではありませんが、屋根用や外部用油性塗料（合成樹脂調合ペイント）を使用し、ふたをして残量を保管し、後日、使おうとしたら容器内で塗料表面に皮のような薄膜ができる現象です。この種の油性塗料は空気中の酸素を取り込んで化学反応（酸化重合）し、分子量が増大します。ふたをしても塗料容器の中に空気があるため、皮張りを防ぐためには、残った塗料を小容器に移し替えてラップフィルムで表面を覆い、空気との接触を小さくしてください。できるだけ涼しい場所に保管してください。

要点BOX
- 高温高湿時の白化は結露が原因
- 油性塗料の厚塗りはシワのもと
- 余った油性塗料は小さい容器に貯蔵する

図1 かぶりの発生機構

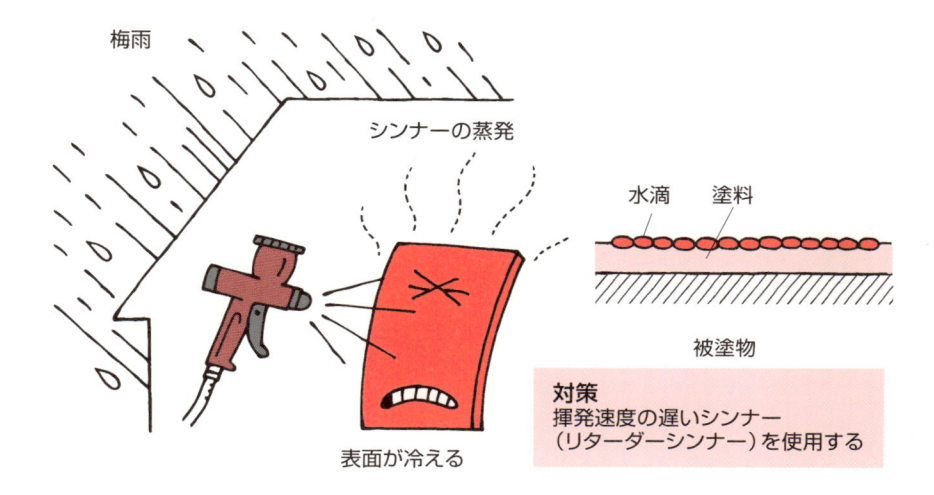

梅雨
シンナーの蒸発
表面が冷える

水滴　塗料
被塗物

対策
揮発速度の遅いシンナー
（リターダーシンナー）を使用する

図2 油性塗料の厚塗りによるシワの発生

Column

どうやって塗料が乾くの？

ここでは接着剤も含め、液体が固まる機構を次表のようにまとめました。表中の（A）〜（D）に当てはまる固化方式を欄外の用語から選んで見ましょう。

まず、（1）流動形態は加熱すると溶融して液体になり、固化しても分子量の変化はなく、本章15節にあるチョコタイプの塗膜を連想しましょう。製品例として路面表示用塗料や段ボール箱の組立に使用されるホットメルト型接着剤があります。加熱したチョコ液を型に流し込んで固めることと同じで、答えは（ホ）冷却-ガラス化が適切です。

次に、（B）を解明するヒントは溶解状態にあるパンク修理用接着剤にあります。この接着剤は天然ゴムを有機溶剤に溶かした溶液で、ゴムチューブのパンク箇所に塗りつけ、溶剤をほぼ完全に揮発させてから接ぎ当て用ゴムを圧着させます。塗料で言えばラッカーに相当しますから、（B）には（ニ）溶剤蒸発が該当します。

さらに進みます。（3）ポリマー粒子の分散液で、木工ボンドやエマルション塗料とくれば、（C）には本章15節で学習した（イ）融着が選ばれます。粘着ではありません。それでも、最後になりますが、（D）には何が入るでしょうか？ヒントはUV硬化型塗料です。塗料には紫外線を照射すると瞬時にポリマーの分子量が増大し、固化するものがあります。化学反応が起き、クッキータイプの塗膜を形成しますから、（ハ）橋かけ反応が選ばれます。

●流動→固化するタイプは

流動形態	固化方式	分子量変化	製品例
（1）加熱溶融	（A）	なし	路面表示用塗料、ホットメルト型接着剤
（2）溶解	（B）	なし	ネイルエナメル、パンク修理用接着剤
（3）ポリマー粒子の分散液	（C）	なし	木工用ボンド、ビニルエマルション塗料
（4）モノマー、プレポリマー溶液	（D）	あり	UV硬化型塗料、ポリパテ、2液型エポキシ樹脂接着剤

〔用語〕（イ）融着　（ロ）粘着　（ハ）橋かけ反応（化学反応）　（ニ）溶剤蒸発　（ホ）冷却-ガラス化

第4章
いろいろなところで使われる塗料

● 第4章　いろいろなところで使われる塗料

28 自動車を塗る

ソリッドカラーとメタリックカラー

自動車の塗装は工業用塗料の中でも品質要求が厳しく、高度な技術が求められます。ここではまず一般的な自動車外板（鋼板部）の塗装方法について述べます。自動車の外板は基本的に下塗り、中塗り、上塗りの3層の構成から成り立っています。

自動車の形に組み立てられた鋼鈑は脱脂、リン酸亜鉛などによる防錆処理（化成処理という）をされ、下塗り工程に入ります。下塗りには電着塗料（22節参照）が採用されています。電着塗料は付着力、防錆力に優れたエポキシ樹脂を水に分散したもので、そのの浴槽の中に車体を浸漬し、通電することによって素材上に塗料を析出するものです。この方法は袋構造部位への塗装も可能で、下塗り塗装として最適な方法です。下塗りは通常20μm（マイクロメーター）ほどの膜厚に塗装され、180℃程度で焼き付けられます。

中塗りは、自動車が走行中に小石などによって傷つき、錆が進行するのを防ぐため、石跳ね傷防止（耐チッピング）機能をもつようポリエステル・メラミン樹脂やそのウレタン樹脂変性品によって設計されています。中塗りはスプレー塗装によって、通常35μm程度の膜厚に塗装され、140℃程度で焼き付けられます。

上塗り色には白、赤のようないわゆる着色顔料のみで構成されたソリッドカラーと、アルミニウム粉やマイカ粉などのフレーク顔料を含むメタリックカラーがあり、美観を付与します。ソリッドカラーは主としてポリエステル・メラミン樹脂系塗料を用い、1層で約35μmの膜厚に塗装されます。一方、メタリックカラーはアクリル・メラミン樹脂系のベースコートとよばれるフレーク顔料を含む層（約15μm）とクリヤ層（約30μm）を重ね塗りし、同時に140℃程度で焼き付ける方法が一般的です。上塗りには硬さ、雨、光、熱に対する耐久性、耐擦り傷性など多くの高度な品質が要求されます。

要点BOX
- ●下塗りは防錆力重視の電着塗料
- ●中塗りは石跳ね傷防止機能
- ●上塗りは美観の付与と高耐久性

自動車の塗装

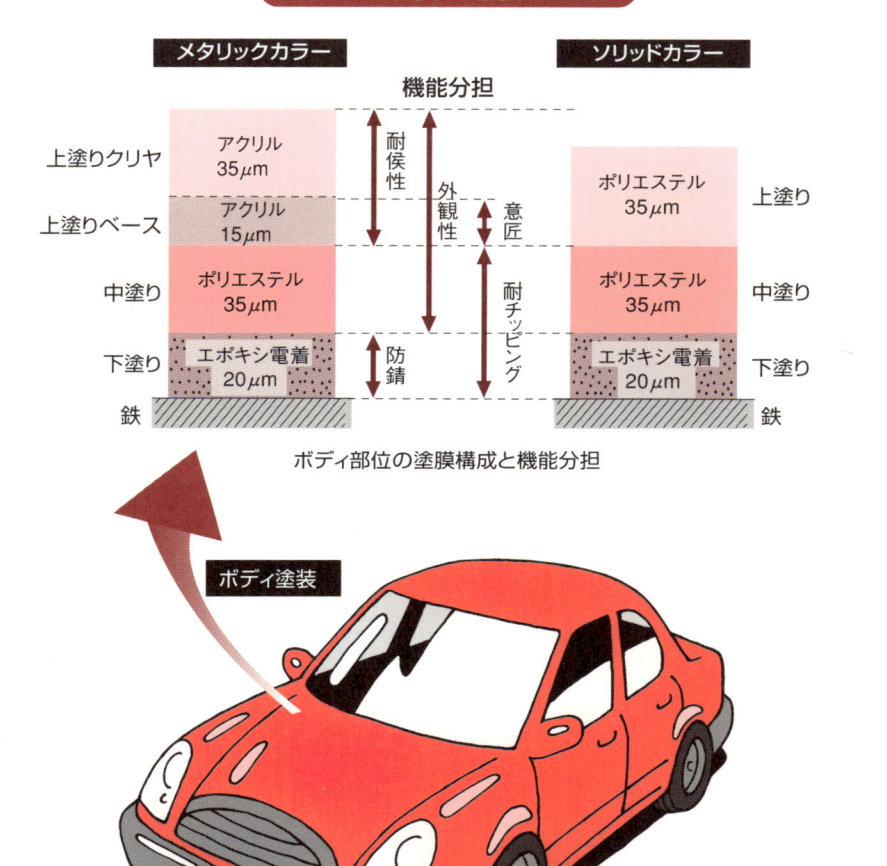

メタリックカラー / **ソリッドカラー**

機能分担

層	メタリックカラー	ソリッドカラー	層
上塗りクリヤ	アクリル 35μm	ポリエステル 35μm	上塗り
上塗りベース	アクリル 15μm		
中塗り	ポリエステル 35μm	ポリエステル 35μm	中塗り
下塗り	エポキシ電着 20μm	エポキシ電着 20μm	下塗り
鉄			鉄

機能分担：耐候性／外観性・意匠／耐チッピング／防錆

ボディ部位の塗膜構成と機能分担

ボディ塗装

プラスチックバンパーには低温耐衝撃性などの性能とボディ用塗料と同じ仕上り感が求められる

バンパー塗装

- 上塗り　軟質アクリル30μm
- 下塗り　PPプライマー10μm
- PP

●第4章　いろいろなところで使われる塗料

29 エコを重視した自動車塗装

水性か粉体か、クリヤコートが最後の課題

環境問題には土壌・水質・大気汚染など多岐にわたる対応が必要で、自動車産業はリーディング・カンパニーとしての対応が求められています。

何度も述べてきたように、塗料の環境問題における最大の課題はVOC（揮発性有機化合物、平たく言えば主として溶剤）の削減です。自動車塗装では特にメタリックベースコートから発生する溶剤量が多く、1980年代後半より欧米を中心に、その水性塗料化が検討、実施されてきました。メタリック塗料の外観品質を保つため、この塗料はスプレー塗装するときには低粘度で、塗料が被塗物に塗着したときには高粘度になって、たれやアルミニウム粉のむらを防ぐ設計になっており、現在は国内外で広く使われています。

次いで中塗りにどのような系を採用するかですが、欧州、日本では主として水性塗料が採用され採用されています。米国ではむしろ粉体塗料の中塗りが採用されているケースが多く、考え方や品質のとらえ方に差があります。

クリヤコートを何にするかは最も難しい課題です。欧州では下塗り～上塗り全工程の水性化（オペル社アイゼナッハ工場）、水性中塗り／水性ベースコート／粉体スラリークリヤコートの採用（ダイムラーベンツ社ラスタット工場）、粉体クリヤコートの採用（BMW社ディンゴルフィング工場）などの例があります。しかし、塗膜の品質から考えて、まずは溶剤型のハイソリッド塗料で対応し、改良を待って水性塗料を採用するというのが日本の自動車メーカーの考え方だと思われます。なお、粉体スラリーとは微粒子粉体塗料を水中に分散したものです。近年、工程短縮、エネルギー節減の観点から中塗り／ベースコート／クリヤコートを重ね塗りし同時に焼き付ける、いわゆるスリーウェット方式が注目されています。前述の粉体スラリーにもこの方法が採用されています。

要点BOX
- ●エコを考えれば水性か粉体塗料
- ●水性ベースコートは各国で採用
- ●スリーウェット方式に注目

自動車中塗り／上塗りの塗料種による溶剤発生量の違い

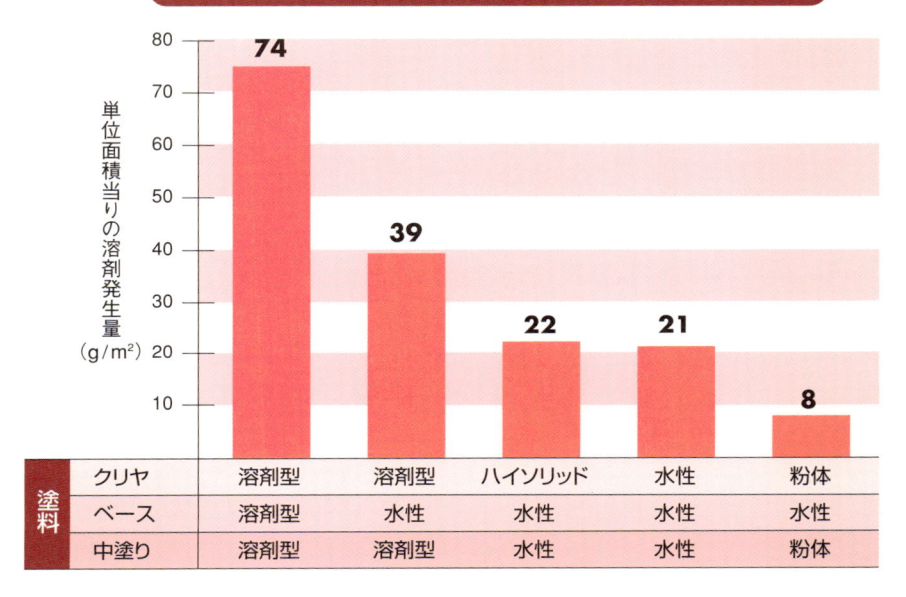

単位面積当りの溶剤発生量（g/m²）

塗料					
クリヤ	溶剤型	溶剤型	ハイソリッド	水性	粉体
ベース	溶剤型	水性	水性	水性	水性
中塗り	溶剤型	溶剤型	水性	水性	粉体
溶剤発生量	74	39	22	21	8

塗装工程の改善

従来方式
下塗り（電着） → 焼付 → 中塗り → 焼付 → 上塗りベース → クリヤ → 焼付

3ウェット方式
下塗り（電着） → 焼付 → 中塗り → 上塗りベース → クリヤ → 焼付

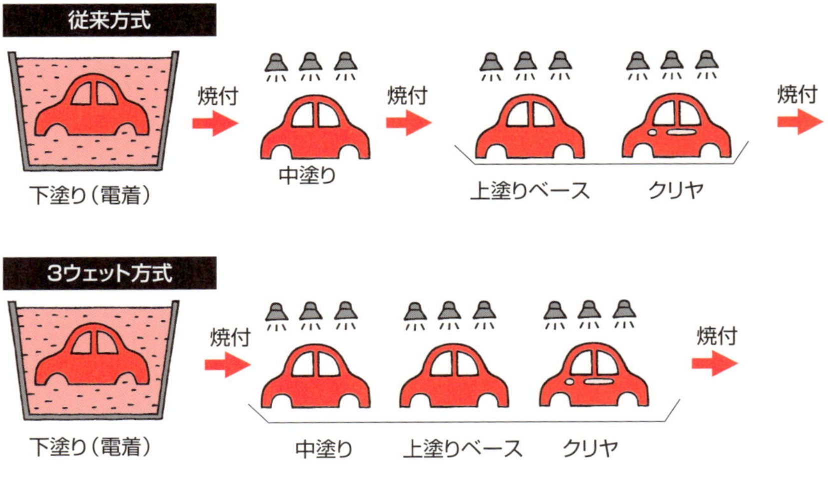

30 車の塗装はこのように補修する

補修塗装の工程と技能要素

カーコンビニのテレビCMが流れてから、車の補修塗装は身近な存在になった気がします。車の愛好者には朗報だったことでしょう。気軽に行けるコンビニスタイルになり補修塗装の需要は増えたようです。補修技能を磨き、車のオーナーの満足度が高まるともっと需要は増えていきます。この良い循環で、塗装分野に就職しようと思う若者は増えると思います。ここでは、補修塗装の工程と、主たる技能要素をまとめます。

まず、補修程度の見積りからです。図1に示すどのタイプかを見極めます。プレスラインが大きく損傷していればパーツ交換の必要があります。パーツは電着プライマーまで塗装済みです。補修塗装では焼付けができないので、常温で硬化する2液型のポリウレタン樹脂塗料（クッキー塗膜を形成する）を使用します。中塗りのプラサフ（プライマーサーフェーサーの略）を塗装→乾燥→研磨と続き、図2の操作で色合わせをしてから上塗り工程に入ります。車にはカラー番号が付いており、原色の配合がわかるので計量調色は可能ですが、メタリック、パール感の微妙な違いに悩まされます。また、使用車と新車では色が僅かに違いますが、日々の訓練で上達します。VOC規制が浸透し、プラサフ、上塗りにハイソリッド塗料が、メタリックやパールベースに水性塗料が使用されつつあります。

スポットや全塗装では小さい凹みや傷を見つけ、図3に示す作業手順（板金修正が終わった段階から）で補修します。ここで大切な技能要素は、①凹みや傷を修復する一連の成形作業：サンダーがけ、パテ付け、研磨、これに続く、②色合わせ、③スプレー塗装、研磨、磨き作業です。パテ研磨作業では、手のひら全体をセンサーとして機能させ、補修部分を正常部と違和感のない形態に復元します。スプレー塗装では塗り肌を確認しながら作業を進めます。これらの技能は訓練と努力でうまくなります。

要点BOX
- 車補修塗装は高度な塗装技能を生かせる職種
- 車体成形の良否が仕上がり外観を決める
- 現場作業に適応する環境対応塗料の開発

図1　補修の範囲

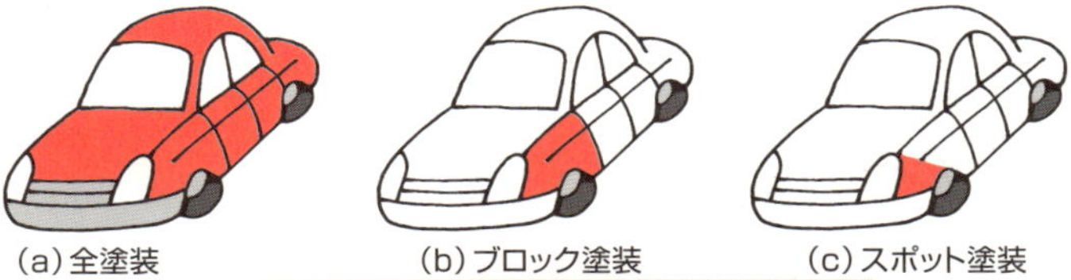
(a)全塗装
(b)ブロック塗装
(c)スポット塗装

図2　色合わせのための比色

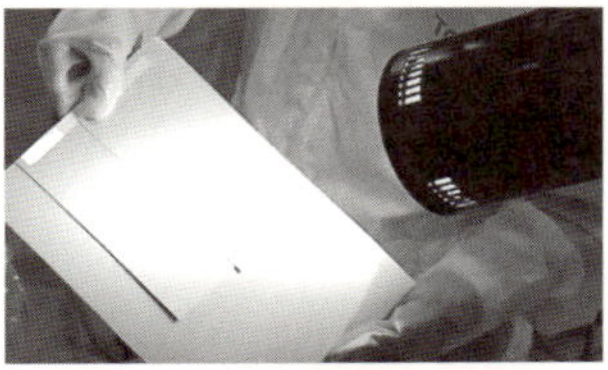

図3　塗装工程の概要

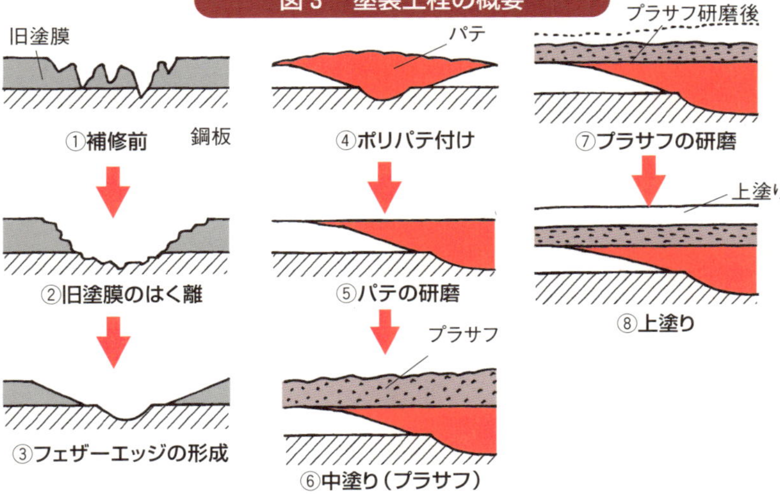
旧塗膜
鋼板
①補修前
②旧塗膜のはく離
③フェザーエッジの形成
パテ
④ポリパテ付け
⑤パテの研磨
プラサフ
⑥中塗り（プラサフ）
プラサフ研磨後
⑦プラサフの研磨
上塗り
⑧上塗り

図4　成形に大切なフェザーエッジ

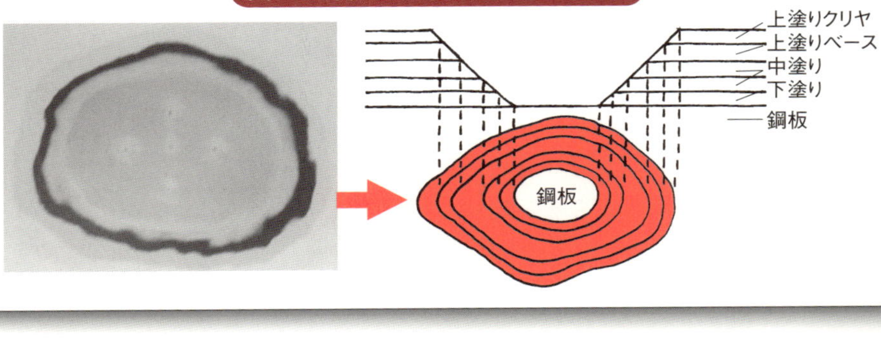
上塗りクリヤ
上塗りベース
中塗り
下塗り
鋼板
鋼板

31 新幹線車両を塗る

乗用車並みの外観を達成する塗料と塗装

航空機と新幹線を利用する分かれ目は移動時間で、3時間以内ならば新幹線になるそうです。JR東日本は、2010年末に延伸する東京—新青森間を現在の時速275kmから320km（フランスTGVと同じで、世界最速）に上げ、3時間で運行する計画を発表しました。高速走行による車体振動やトンネル出入り口での外板変形に塗装系が追従できること、長時間美観を保持し、汚れを洗い落としやすいことが車両用塗料に求められます。

乗用車並みの外観が求められています。プレス加工の進歩で、溶接箇所が減少していますが、電車の様に大型になると車体に歪みが残り、パテ付けで平滑化する必要が生じます。

自動車の新車塗装工程（本章28節）と異なることを理解された上で、左表に示す新幹線車両の標準塗装仕様をご覧ください。新車や後述のPCMに適用する表面処理に変わって、ブラスト直後にエポキシ樹脂系プライマーが塗装されます。ブラスト直後の金属面はとても活性な状態ですから、この時に塗装すると、塗料はとても良く付着してくれます。この上に、不飽和ポリエステル樹脂パテが使用されます。車両重量とコストの制限から、パテ付け—研磨工程を2回で終了させます。その後の工程はパテ付け—研磨工程を車の補修塗装工程とほぼ同じになります。パテ付け—研磨工程と中塗り—研磨工程の平滑化作業が高級感を生み出す源です。

1990年代までの車両外装は光沢が鈍く、また、色も白をベースとした同系色だったと記憶されている方が多いと思います。高光沢にすると、車両外装板の凹凸が強調されます。建築物の外装もつや消し状態になっていますが同じ効果です。白をベースとしているのは高速をイメージする色彩効果と、すり傷などを目立たせないことを狙っています。90年代以降は車両外板にAl合金が採用され、メタリック仕上げなどが光源です。

要点BOX
- ●大型金属素地の表面活性化はブラストで
- ●ブラスト後は直ちに塗装すること
- ●ますます高級感を要求される車両塗装

新幹線車両の標準塗装工程

	塗装工程	塗料	乾燥膜厚	塗装間隔
1	素地調整	（鋼製車）グリッドブラスト、（アルミ車）ケイ砂ブラストまたは化学処理	―	直ちに
2	地膚塗り	エポキシ系プライマー	40μm以上	16h～10日以内
3	外観チェック	塵埃を取り除くため軽く研磨（ペーパーP100～P150）		
4	地付け	不飽和ポリエステル系パテ	3mm以下/回	3h以上
5	研磨	ペーパーP100～P150研磨		
6	シゴキ	不飽和ポリエステル系パテ		
7	研磨	ペーパーP120～P150研磨		
8	地塗り	ポリウレタン系サーフェサー	30μm以上	5h以上
9	研磨	ペーパーP320研磨		
10	下吹き	ポリウレタン系上塗り	40～50μm	16h以上
11	研磨	ペーパーP320研磨		
12	色付け	ポリウレタン系上塗り	40～50μm	16h以上
13	色付け	ポリウレタン系上塗り	40～50μm	

車両の中塗り塗装工程（無人化作業）

エアー
自動塗装機
スプレーブース
エアレスガンが上下するレシプロケータ
自動エアレススプレー装置

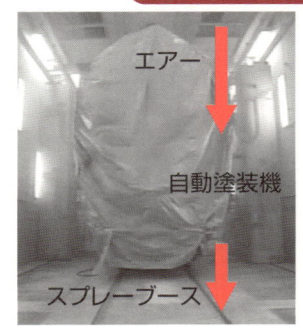

塗料の性能試験

試験項目	試験規格	エポキシ樹脂プライマー	不飽和ポリエステルパテ	ポリウレタン樹脂エナメル
常温乾燥	JIS K5400-6.5 硬化乾燥	10時間以内／20℃	2時間以内／20℃	16時間以内／20℃
強制乾燥	JIS K5400-6.5 硬化乾燥	8時間以内／40℃	1時間以内／40℃	8時間以内／40℃
不粘着性	JIS K5400-8.12	―	―	16時間以内／20℃
耐屈曲性	JIS K 5400-8.1 心棒：φ10、90°、膜厚	割れ、ハガレ無し 50μm	割れ、ハガレ無し 1mm	割れ、ハガレ無し 50μm
耐冷熱繰り返し性	JIS K5400-9.3 （−5℃×4H→80℃×4H）	―	異常なし 50サイクル以上	異常なし 50サイクル以上

●第4章 いろいろなところで使われる塗料

32 航空機を塗る

低温にも油にも強い塗料

乗り物の安全性は言うまでもありませんが、航空機の特徴は高度1万メートルに達した時の気温は-50℃以下になり、着陸すればよ空に比べてはるかに高い温度となることと、高速で飛行をすることの2点です。塗装側から見ると、飛行時の被塗物の変形に対して塗装系（下塗りから上塗りまでの多層塗膜）が耐えられるかどうかが心配です。いわゆる温度と速度の急激な変化に対して付着状態の塗膜がどのように追随できるかを試験し、異常が生じないことを確認しなければなりません。航空機はどのような素材で出来ているのか、どのような塗料が、どのようにして塗られているのか、さらにどのような試験をするのかなどについて、日本特殊塗料㈱特販部長の立花哲弥氏にお話しを伺いました。①素材は航空機用アルミニウム合金（Al-Zn-Mg-Cu系、超ジュラルミン）、②塗装仕様：巨大な被塗物ゆえ、焼付けはできないので、常温硬化型塗料を選択しなければなりません。

左表に示す航空機メーカーの社内規格を見ると、前述した車や新幹線には見られない特性が必要だと理解できます。特筆すべき点は、8の耐液性：各種オイルの浸せきで塗膜が軟化しないこと、10の耐低温性、11のはく離性：新造機が4～8年で重整備を行う時に機体に亀裂や異常がないかを調べます。この時、塗膜の無い状態で検査する必要があるため、ペイントリムーバ（はく離剤）で30分以内に塗膜をはく離できることが規格化されています。要は塗膜が溶剤で膨潤し、フィルム状にはがしやすいことが要求されます。8の耐オイル浸せき試験で塗膜が軟化してはいけないので、油には強くて、リムーバ用の溶剤には弱いと言う矛盾する特性を付与した塗膜にしなければなりません。物理的な強度についても、塗膜は硬くてしかも良く伸びる柔軟性が求められます。塗膜が表面層に存在するゆえの宿命であり、技術者は常に挑戦し続けています。

要点BOX
●高速飛行時で、気温は-50℃以下
●機体の変形に低温で追随できる塗膜
●耐油性に優れ、はく離性の良い塗膜

航空機の塗膜性能規格と現行塗料の試験結果

No.	試験項目	品質要求	現行塗料
1	光沢	60度鏡面反射率:90以上 20度鏡面反射率:75以上	92 84
2	隠ぺい力	白および淡彩色0.95以上	0.97
3	耐テープ性	45時間乾燥後の塗膜はテープ跡が残らないこと	○
4	鉛筆高度	HB以上	3H
5	密着性	3Mテープを使ったクロスカット試験	○
6	柔軟性	コニカルマンドレルを使った屈曲試験	○
7	耐衝撃性	カードナー衝撃試験機を使い、塗面、裏面共に80インチポンド以上	○
8	耐液性	塗膜にブリスター、軟化、クラック、剥離のないこと。 (1) 蒸留水:7日間浸漬 (2) BMS3-11（スカイドロールオイル）： 　　30日間浸漬　鉛筆硬度B以上 (3) MIL-L-7808（ジェットエンジンオイル）： 　　14日間浸漬　鉛筆硬度B以上 (4) TT-S-735 TypeⅢ:14日間浸漬　鉛筆硬度B以上	○ ○ HB ○ 2H ○ HB
9	耐食性	(1) 塩水噴霧試験3000時間 　　塗膜欠陥のないこと。コロージョンは、切り込みから 　　1/8以内であること。 (2) 糸状腐食試験 　　ブリスター、コロージョンは、切り込みから1/8以内であること。	○ ○
10	耐低温性	−54℃から70℃温度サイクルにより、塗膜にクラック 剥離、密着低下がないこと。	○
11	剥離性	ウエザーメータ500時間照射後、ペイントリムーバにより 30分以内に塗膜剥離すること。	○
12	電気抵抗値	ランズバーグメータで0.07MΩ以上	0.60

塗装工程と塗装系

塗装工程	乾燥時間(H)	膜厚(μm)
(1) 素地調整−研磨:研磨紙、スコッチブライト		
(2) 化成皮膜処理−クロメート（アロジン#1200）		
(3) プライマー:エポキシ樹脂系	12	20
(4) 上塗り:ハイソリッド型ふっ素樹脂系エナメル（2液型）	24	50〜60

静電エアレススプレーによる上塗り作業

資料提供：日本特殊塗料㈱

● 第4章　いろいろなところで使われる塗料

33 冷蔵庫を塗る

PCM塗装ラインと塗膜構成

家電製品の代表選手ともいうべき冷蔵庫は、年間500万台近くも生産されています。今では普及率98％の必需品であり、4ドア、5ドアのものも登場し、いろいろな形態がデザインされています。塗装仕上げも、鏡面、メタリック、模様塗りなど様々です。30年程前の塗装法は冷蔵庫を組立て箱形にしてから、アクリル／メラミン樹脂系塗料を焼き付けるものが主流でした。この方法に対し、あらかじめ金属平板を塗装してから折曲げ加工して組立てる方法が開発されると、生産性が著しく向上しました。この方法をプレコートメタル（PCM）システムと言います。前もって（pre）塗装（coat）された鋼板（metal）という意味です。平らな状態で塗装するため、色むらもなく、均一な塗膜になります。

PCM方式は白物家電用外装板の他、家屋の屋根や外装に使用されるカラートタンにも採用されています。コイル状に巻かれた幅1ｍ弱、長さ数百ｍものを組み込んだラインも稼働しています。

薄い鉄板を巻き戻し、毎分50～数百ｍもの速さで走る図1に示す高速ラインでまるで印刷のように塗装されます。脱脂、皮膜化成処理後に、下塗り、上塗りをロールコーター（第3章の20節）で塗装し、そのまま220℃ほどの高温焼付け炉を30秒くらいで通過して塗膜となります。一般に、裏面は下塗り、または上塗りの塗装・焼付けが1回、表面と同時に行われます。冷却後、コーティングコイルとして巻き取られます。塗装ラインで回収した溶剤は焼付け炉の熱源に使用され、VOCはほとんど発生しません。

塗膜には折曲げ加工性、耐候性（屋外に暴露しても劣化しにくい性質）が要求されます。塗料はポリエステル／メラミン樹脂系焼付け塗料が主流で、一般的なPCM鋼板（アルミ板もある）の塗膜構成は図2のようです。最近では、PCMの用途が広がり、保証年数も最低20年と長くなる傾向にあります。粉体塗料

要点BOX
- 金属製品は塗装済み鋼板PCMを加工
- 大量生産に寄与するPCMライン技術
- ラインの溶剤は回収され熱源に有効利用

図1　PCM鋼板の塗装ライン

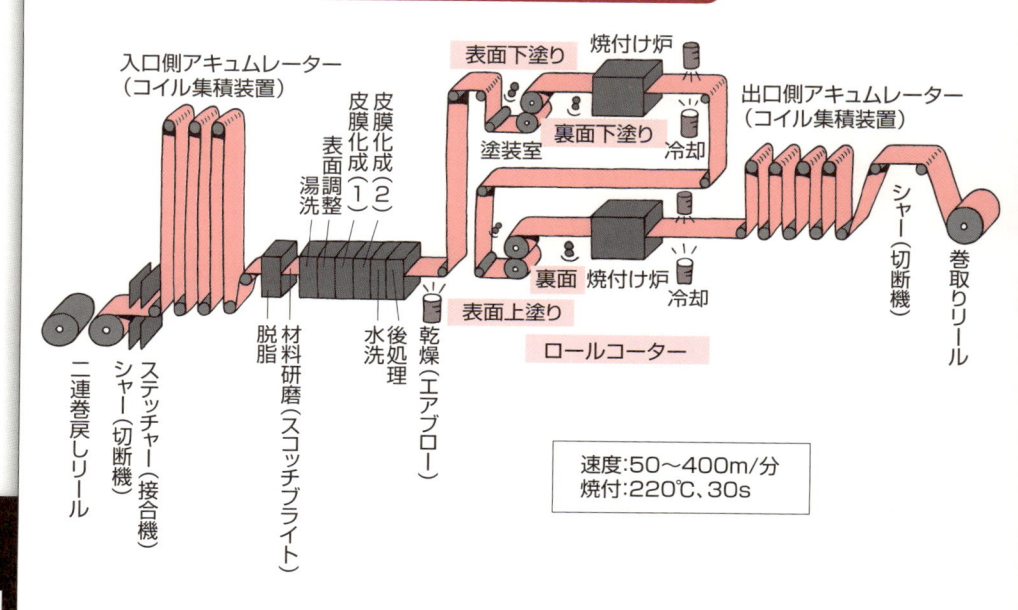

速度：50～400m/分
焼付：220℃、30s

図2　一般的なPCM鋼板の断面

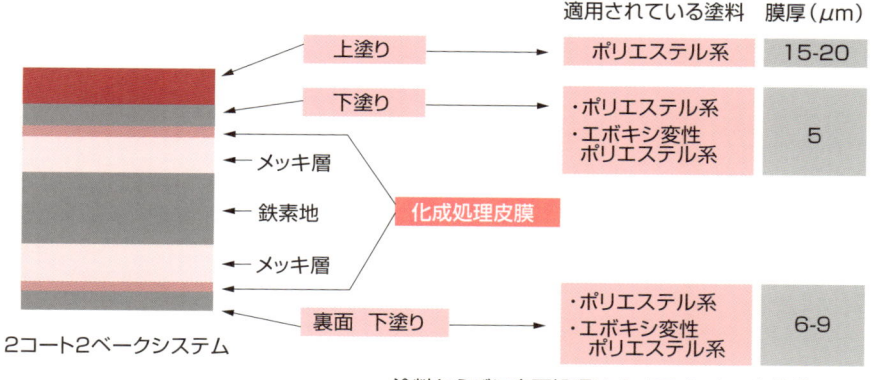

2コート2ベークシステム

	適用されている塗料	膜厚（μm）
上塗り	ポリエステル系	15-20
下塗り	・ポリエステル系 ・エポキシ変性 　ポリエステル系	5
裏面 下塗り	・ポリエステル系 ・エポキシ変性 　ポリエステル系	6-9

塗料ならびに表面処理はすべてノンクロム仕様

資料提供：関西ペイント㈱

●第4章 いろいろなところで使われる塗料

34 夢の架け橋、明石海峡大橋を塗る

長期耐久性を実現する塗料と塗装

瀬戸の島々と四国・本州を陸路で結ぶ瀬戸大橋が実現したのは1988年（昭和63年）のことです。本州・四国連絡橋は六つの橋から成っており、道路・鉄道の併用橋で、道路部の長さは37.5kmあります。度重なる台風や1995年の阪神・淡路大震災にも耐えています。海水、強風、振動など、最も過酷な条件下に置かれたこの橋を保護しているのも塗料と塗装技術です。

この実績は明石大橋（図1）に引き継がれ、鋼橋の塗装系が完成の域に入りました。まず、大型ケーソン（潜かん工法で固定される鋼鉄製の基礎構造物）や橋げた、塔などは各橋梁メーカーや造船所でブロックごとに建造、塗装され、海上をクレーン船で運ばれて架設されます。明石大橋は世界最長の吊り橋であり、ケーブル架設の第一歩であるパイロットロープの渡海には世界で初めてヘリコプターが使用されました。吊り橋の命綱であるメインケーブルは、約6万トンの荷重を支えることができます。

新設の場合、塗装は全て工場で行われます。おおまかな塗装仕様を表に、塗膜構成を図2に示します。組立加工前の鋼材にはさび止めのために無機ジンクリッチプライマーが塗装されますが、組立後にブラストで全面除去されます。その後、表1の第1層である無機ジンクリッチペイントが塗装され、Zn粒子の連結でZnメッキと同じ犠牲陽極作用を発揮させます。この塗膜は空隙が多く、上塗りによるピンホール発生を防止するため、第2層のエポキシ樹脂塗料の含浸で表面を覆います。目止めのようになり、ミストコートと呼ばれます。この上に、下塗りが2回、中塗り、上塗りが各1回塗装され、6回の塗装で、塗膜の厚さは全部で270μm以上になります。下塗り、中塗りがエポキシ樹脂塗料で、上塗りにはふっ素樹脂塗料が採用され、瀬戸大橋よりも一段と耐候性が強化されました。

要点BOX
- ●巨大大橋の塗装目的は長期耐久性
- ●新設橋の塗装は全て工場で行う
- ●定期的な保守が長期耐久性を実現

図1　明石海峡大橋

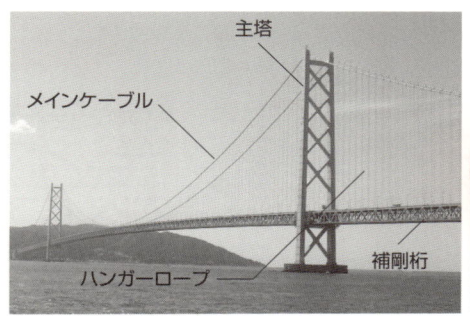

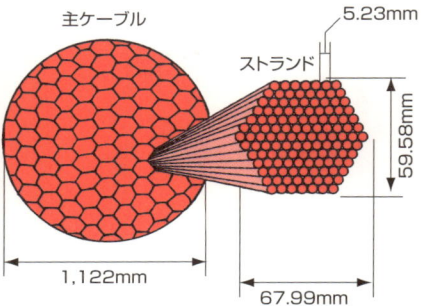

全長3,911m、中央支間長1,991m、主塔の高さ298.3m

表1　明石海峡大橋の塗装仕様

工程	塗料名	塗装方法	標準使用量 (g/m²/回)	乾燥膜厚 (μm/回)	塗装間隔 (20℃)
プライマー	無機ジンクリッチプライマー	スプレー	200	20	—
第1層	厚膜形無機ジンクリッチペイント	スプレー	700	75	2日～6カ月
第2層	厚膜形エポキシ樹脂塗料下塗り（ミストコート）	スプレー	160	—	1日～10日
第3層	厚膜形エポキシ樹脂塗料下塗り	スプレー	300	60	1日～3カ月
第4層	厚膜形エポキシ樹脂塗料下塗り	スプレー	300	60	1日～3カ月
第5層	エポキシ樹脂塗料中塗り	スプレー	170	30	1日～10日
第6層	ふっ素樹脂塗料上塗り	スプレー	140	25	—

出典：日本塗料工業会編：「塗料と塗装」、p.30（2004）

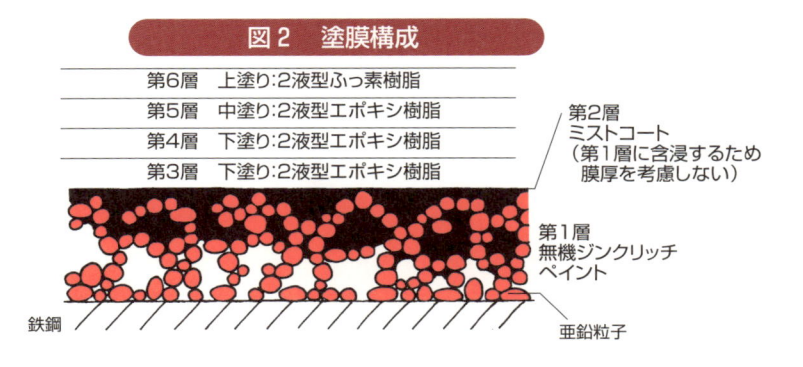

図2　塗膜構成

- 第6層　上塗り：2液型ふっ素樹脂
- 第5層　中塗り：2液型エポキシ樹脂
- 第4層　下塗り：2液型エポキシ樹脂
- 第3層　下塗り：2液型エポキシ樹脂
- 第2層　ミストコート（第1層に含浸するため膜厚を考慮しない）
- 第1層　無機ジンクリッチペイント
- 鉄鋼
- 亜鉛粒子

● 第4章 いろいろなところで使われる塗料

35 東京タワーを塗替える

水性塗料の使用でVOCを75％以上も削減可能

昭和33年の年末に完成した東京タワーは戦後日本の躍進を象徴する建造物のひとつであり、2005年製作の映画「ALWAYS 3丁目の夕日」に建設中のタワーが度々出てきます。ところで、このタワーは5年に1回の割合で塗替えが行われてきました。さびが発生する前に塗り替えるので、さび落としのため旧塗膜をはがすことがほとんどありません。これまでの累積で塗膜の膜厚は800μm（新聞紙16枚程度）以上になります。

タワーの塗装面積は東京ドームの2倍に当たる7万8000m²、塗料の使用量は（0.4kg/m²×7万8000m²＝3万1200kg）20kg入り石油缶で約1560缶となります。このうち揮発性有機化合物（VOC）である有機溶剤は約24％（約7400kg）含まれており、VOCは大気中に揮発すると化学反応を起こし、光化学スモッグの原因物質になります。VOCの排出規制は改正大気汚染防止法（06年4月施行）に従って強化されていますが、屋外塗装工事は対象外となっています。東京都は環境局が中心になって、VOC排出の自主規制を強く呼びかけ、メディアも水性塗料を積極的に取り上げました。図1に示す試験箇所の塗替え工事を積極的に取り上げました。図2に示すように水性塗料の塗装系にすると、VOCが従来の塗装系に比べて75％以上も削減されます。

東京タワーは08年に創立50周年を迎えるに当たり、塗替えの一部に水性塗料を採用し、施工は07年3月半ば〜年末までの集中工事で進められています。作業時間はライトアップが消える午前0時から7時頃までです。ケレン棒と呼ばれる工具でさびや汚れを落とし、下塗り、中塗り、上塗りを全てはけ（刷毛）塗りで行います。高所ゆえに職人は塗料が飛散しないよう、かつ安全には細心の注意を払って工事を進めています。

要点BOX
- ●壮大な塗装面積と塗料の使用量
- ●大気汚染防止に有効な水性塗料
- ●タワーの保守は5年周期で行われてきた

図1　試験施工された塗装箇所

図2　水性塗装系採用によるVOC削減効果

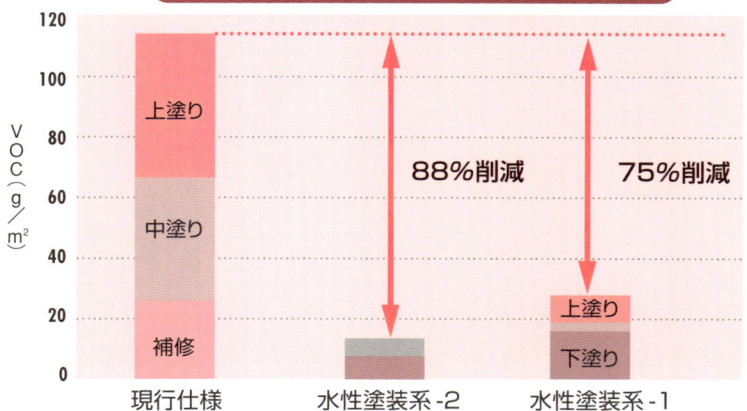

縦軸：VOC (g/m²)

現行仕様
　上塗り
　中塗り
　補修

水性塗装系-2
　88％削減

水性塗装系-1
　上塗り
　下塗り
　75％削減

下塗り　：変性エポキシ樹脂（補修）　　アルキド樹脂　　　　　エポキシ樹脂
中塗り　：合成樹脂調合ペイント　　　　合成樹脂エマルション　エポキシ樹脂
上塗り　：合成樹脂調合ペイント　　　　合成樹脂エマルション　ポリウレタン樹脂
合計膜厚：55＋60μm　　　　　　　　　85μm　　　　　　　　　115μm

資料提供：関西ペイント（株）

36 船舶を塗る

意外と早く塗替える大型船

日本は四方を海に囲まれ、船は交通、交易手段として日本の歴史に大きく関わってきました。現代においても、石油、鉄鉱石、穀物などの資源を輸入し、車に代表される工業製品を輸出するように、船舶はわれわれの生活に欠かせない重要な乗物です。造船技術は古くから発達し、その技術レベルは塗料、塗装も含めて世界をリードしています。

大型船の建造は、船体をいくつかのブロックに分けて工場内で作り、それを船台やドックに運んで組立て、溶接して一体化します。よって、塗装もブロックごとにどの段階まで行うかをあらかじめ決めておき、船全体が組み上がってから最終仕上げを行います。建造過程と塗装作業の進行例を図1に、タンカーの構造と主な部位の名称を図2に示します。

船舶は海上ゆえに厳しい腐食環境下にあります。船底部は常に海水にさらされ、吃水線・外舷部は過酷な乾湿交番作用を受けます。甲板部や上構部も潮風、波浪、太陽光線を受け、とくに甲板部は機械的損傷を受けやすい箇所です。上構部は外舷部とともに外観上目立つ部分なので美観の保持が必要です。機関室は高温多湿になりやすく、油類のかかる場所であるため、耐熱・耐油性が要求されます。このように塗装で保護と美観を達成しなければならないため、耐水、耐塩水性に優れた変性エポキシや塩化ゴム、油変性アルキド塗料が各部位に使用されます。

船の塗替えは船底塗料の寿命で決まり、通常は2～3年でドックに入ります。船底塗料については、第6章58節で詳しく述べます。ドックに入ったタンカー外板部の塗替えの様子を図3に示します。塗装工程は、水洗→ショットブラスト→さび止め塗料→中塗り（サーフェーサー）→上塗り（赤と黒）の順に進みます。船体の長さ250ｍの液化石油ガス（LPG）タンカーの場合では、上塗りの黒エナメルを4人で、5～6時間で仕上げます。

要点BOX
- 厳しい腐食環境下におかれる船舶の塗装
- 安全で経済的な航海のために必要な塗替え
- さびに強くて作業性の良い塗料の選択

図1　新船舶ができるまで

① 鋼板
② ショットブラスト　← 1次表面処理
③ ショッププライマー塗装
④ 鋼板切断曲げ加工
⑤ ブロック組立　← ブラスト処理／ブロック塗装
⑥ ぎ装工事　← 船内塗装／外板塗装
⑦ 進水
⑧ ぎ装　← 船内塗装
⑨ 最終ドック　← 船内塗装／外板仕上げ塗装
⑩ 海上公試運転　← 引渡し前補修塗装
⑪ 引渡し・就航

図2　タンカーの構造と適用塗料

エポキシ／ウレタン系、塩化ゴム系
吃水線　甲板部（デッキ）　上構部
外舷
船底　外板
変性エポキシ、塩化ゴム系

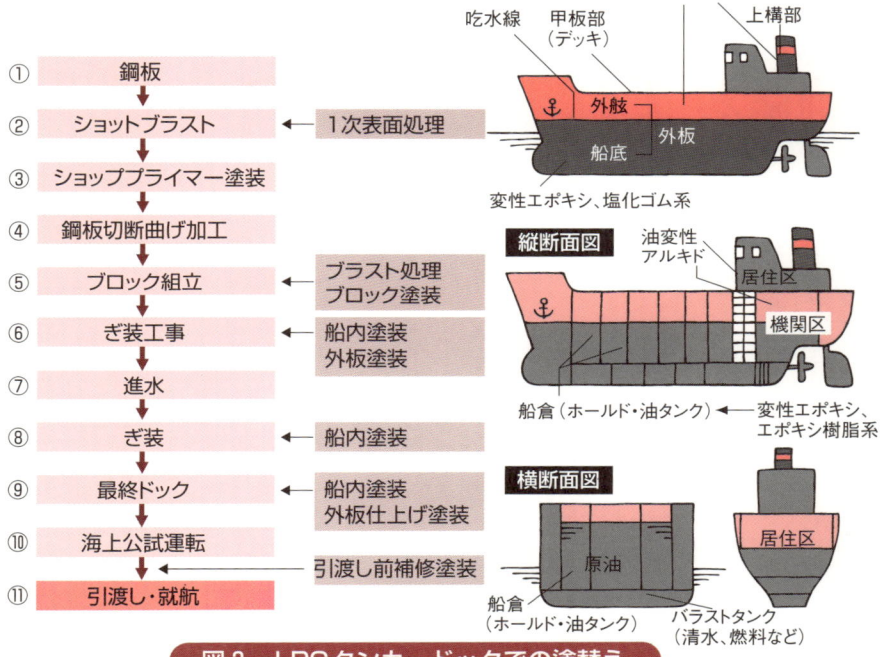

縦断面図
油変性アルキド
居住区
機関区
船倉（ホールド・油タンク）　← 変性エポキシ、エポキシ樹脂系

横断面図
居住区
原油
船倉（ホールド・油タンク）
バラストタンク（清水、燃料など）

図3　LPGタンカードックでの塗替え

高車

塗装工程

① 水洗
② ショットブラスト
③ 下塗り：プライマー（約40μm）
④ 中塗り：サーフェーサー（約120μm）
⑤ 上塗り：500μm以上

損傷部分のみ、プライマー、サーフェーサーの塗装（エアレススプレー）を行う。船首部は錨の上げ下げで傷が付き、さびの発生が多い

資料提供：三菱重工業㈱、横浜製作所　船舶改修部

● 第4章　いろいろなところで使われる塗料

37 安芸の宮島、厳島神社大鳥居の塗替え

現場施工の厳しさと達成感の素晴らしさ

宮島の正式名称は厳島であり、大鳥居と厳島神社は1996年に世界遺産に登録されました。この朱塗りの大鳥居が醸し出す風景は日本三景のひとつです。大鳥居は平安時代以降、数十年から百年前後の間隔で建て替えられており、現在のもの（写真1）は8代目、1875（明治8）年に建立された日本最大の木造鳥居です。大鳥居の形式は四脚（よつあし）鳥居とよばれるもので、2本の主柱は樹齢600年位の楠（くすのき）です。柱の太さは6m以上もあり、海底に潜り込まないようにするため支柱の下には松の杭が何本も打ち込まれています。大鳥居は立っているだけですが、台風が来ても地震が来ても倒れない、優れた建造技術だと言えます。

ここでは、楠材の劣化が写真2のように進行したため、その海水に浸かる部分の補修工事の内容を紹介します。移動が困難で干潮時に施工しました。

（1）素地調整：カキ・フジツボ類の除去。電動工具類や高圧水洗機では全く歯が立たず、回転ノズル式超高圧淡水噴射機（写真3）の採用で、付着物を除去し、木肌を出します。あらかじめブロックで囲いを造り、根元付近の水をポンプで排出し、ガスバーナーで加熱して水を蒸発させます（写真4）。根元を補強するため、ポリウレタン樹脂を注入しました。また、根本の修復には現場で調製したエポキシ樹脂パテや樹脂モルタルを使用しました。

（2）下塗り：水中硬化タイプの無溶剤型エポキシ樹脂シーラーを全体に塗ります。

（3）シーラー塗装後、直ちに水中硬化タイプの2液型エポキシ樹脂パテ（厚さ10mm）を全面に付けます。海水で浸食された部分には杉で埋木をして楠にビス止めをします。（写真5、6）

（4）パテが硬化する前にガラス繊維をサンドイッチ状に布着せをします。（写真6）

（5）干潮時のみの作業のため、常に水との闘いでした。

要点BOX
- 塗装により木材を樹齢分、生かせる
- 現場施工には臨機応変な対応が必要
- 厚膜施工にはFRPと同様な考えが有効

1. 日本最大の木造鳥居

1875（明治8年）に再建-1909に丹塗り-1950に浸水部分の楠を取替え

2. 支柱の劣化状態

3. 超高圧淡水噴射機による海洋生物類の除去

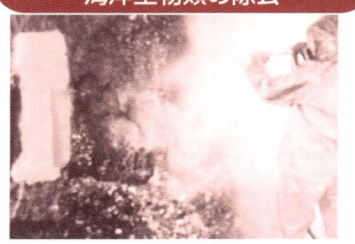

水量：27 mℓ/min、ノズル：φ1.3×2
噴射圧力：300 kg/cm² （30MPa）

4. 水の排出とガスバーナーによる乾燥－根元部への樹脂の注入と成形材による補強

5. シーラー塗装後水中硬化エポキシパテの施工

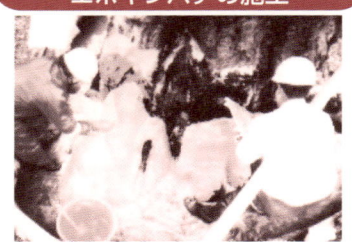

6. パテ付け－埋木－ガラス繊維－パテ付け

7. 干潮時（深夜）の厳しい作業

8. 補修工事完成

資料・写真提供：㈱アポロ工芸社

38 重要文化財 明治の洋館を復元する

分析技術で明治時代の塗料と塗装を解析

重要文化財である旧岩崎家の復元工事にあたり、建築時と同様な塗料を用いて塗装する事が必要になり、残存する塗膜層を分析することになりました。旧岩崎家住宅の主体は洋館、ビリヤード室および和館からなり明治29年（1896年）に完成したと記録されています。洋館、ビリヤード室は鹿鳴館（1883年）を手がけた英国人建築家コンドルが設計したものであり、明治洋風建築の代表作として高く評価されています。

洋館は木造2階建て、地下室付きで、建築面積は531.5㎡です。洋館の写真を写真1に示します。欄干には見事な彫刻が施されてあり、塔屋頂上部や窓の半円飾り部、屋上庇などは銅板で重厚に装飾されています。塔屋頂上部はルネサンス風で、柱の形態にはギリシヤ様式を取り入れ、正面玄関や壁面部にみられる飾りにはイスラム文化の香りが漂い、南側ベランダ床のタイルはイタリア風になっています（写真2）。また、洋館内部のいたる所で西洋文化と東洋文化が融合しています（写真3）。湯島天神近くにある現存の建築物を見ていると、洋式文化を盛んに取り入れていた明治の意気込みと熱意が伝わってきます。現在は一般公開されています。

洋館外装部（素地：檜(ひのき)と銅板）および内装部の各場所から採取した塗装片について、塗膜断面の観察と塗膜成分の分析から、建築時の塗膜層が残存するかどうかを解明しました。明治時代の洋風建築物には重合油をバインダーに、白顔料には亜鉛華（酸化亜鉛）が使用されていました。この油性調合ペイントが検出できれば、建築当時の塗膜層が残存すると言えます。図に示すように、第1区間には油性調合ペイントの下塗り、中塗り、上塗りの3層からなる塗装系が規則正しく12回程度連続して存在しており、その塗膜はクリーム色で統一されていることが認められました。この結果、復元塗装ができました。

要点BOX
- ●塗装は油性調合ペイントで塗られていた
- ●周期的に高精度に塗替えられていた
- ●明治のロマンが感じられる旧岩崎家住宅

旧岩崎家の塗装

写真:1　正面玄関側からの住宅

写真:2　南側デッキの柱と床　　写真:3　婦人室の内装

木材（ひのき）素地から採取した塗膜断面の解析結果

		塗膜(μm)	推定年代	顔料	ビヒクルソリッド
第4区間	ベージュ	500	1950～1955（進駐軍駐留時代）	$CaCO_3$、TiO_2、Fe_2O_3、$BaSO_4$	長油性アルキド樹脂
第3区間	グリーン	200	1943～1946（戦時中）	$CaCO_3$、ZnO、$BaSO_4$	重合油
第2区間	クリーム（割れ目）	550	1932～1936（物資不足時代）	$CaCO_3$、ZnO、$BaSO_4$	重合油
第1区間	クリーム（建築当時の塗膜）	1330	1896（平穏時代）	$CaCO_3$、ZnO、$BaSO_4$	重合油

←油性調合ペイントが定期的に塗り替えられていた

木材素地

(a) 光学顕微鏡観察　　(b) 塗膜成分の分析

出典：坪田実、高橋保、長沼桂、上原孝夫：塗装工学、vol.36, p.213（2001）

●第4章　いろいろなところで使われる塗料

39 高級木工家具の塗装

製品の良否は木地調整と塗装が大きな決め手

木工家具の塗装は女性の化粧の手法とよく似ています。どちらが先かは別にして、両手法を対比させて、表に示します。木目を立体的に強調する手法は着色技法にあります。出っ張っている所は薄めに、くぼんでいる所は濃いめにすると、陰影があってより立体感のある家具に仕上がります。無垢材で作るテーブル、サイドボードや椅子などの高級家具は長く愛用されてこそ、その価値が出ます。

家具職人戸山顕司氏にお話を伺いました。「塗りは木地なり」と言う信念で、木材の仕入れから塗装までを同じ工場で製作されています。標準的なテーブルの厚さである約50mmの板であれば、まず、最低3年は自然乾燥させ、含水率を8％程度までに調整してから加工に入るそうです。使用する塗装材料は、木材に近い性質を持つ油性系着色剤や硝化綿ラッカーです。木材の個性を生かす色合いや陰影に仕上げていきます。造作はしっかりしているので世代を越えて使っていただくために、塗装は寿命が来たら、塗替えできるように設計されています。実際に再塗装し、親子に渡って使われている方も多いそうです。一例を、写真に示しますが、このような重厚感のある家具があると、日常生活に落ち着きがでます。

新しい家具を古美術的に仕上げるのも塗装の技法です。長年経過した家具や柱には無数の傷、虫食いのシミや日焼けなどが残っているものです。虫は心材部よりも辺材部が好きですから、むやみに虫食い跡を付けてもいけません。より自然な感じで傷を付けたり、汚していくとアンティーク仕上げになります。このような細工を行うためには木工塗装の基本技能を身につけなくてはいけません。最近は、乾性油やワックスを木材に含浸させ、拭き上げるだけのオイルフィニッシュと呼ばれる仕上げが多くなっていますが、この仕上げでは保護機能が出ません。保護と美観は常に必要です。

要点BOX
- ●木工塗装の目的も保護と美観
- ●木目を生かす仕上げは化粧とそっくり
- ●塗りは木地なり

木工家具の塗装と化粧手順の比較

	塗装工程	主な目的		化粧手順	主な目的
1	素地調整	脱脂・平滑化	1	洗顔（石ケン）	脱脂
2	素地着色	木埋の強調と心、辺材部の均一化	2	化粧水	素肌の水分・油分を整える
3	着色抑え	染料のブリード防止	3	乳液	
4	研磨	毛羽の除去	4	メーキャップベース	ファンデーションを均一に付着させるための下地作り
5	ワイピングステイン	色むらの修正と目止め			
6	補色	色むらの修正	5	ファンデーション	全体の肌色を整えシミ・ソバカスなどの欠点を隠したり、健康的で美しく見せる
7	下塗り（ウッドシーラー）	塗装下地の形成			
8	研磨	毛羽の除去			
9	シェーディングステイン	木目の強調	6	パクト	肌に付着したファンデーションの抑えと補色
10	中塗（サンディングシーラー）	肉持ち感・平滑性の付与			
11	研磨		7	ポイントメーキャップ（口紅・ほお紅・アイシャドー）	部分的に色彩を強調したり、陰影をつけて立体感をかもし出す
12	補色、上塗り	美観と保護			

テーブルセットの製品例

写真提供：戸山家具製作所㈱

用語解説

ワイピングステイン：道管の大きい木材に適用する顔料系着色剤で、ウエスで拭き取って使用する。成分は油絵の具に近い。

●第4章　いろいろなところで使われる塗料

40 ピアノを塗る

鏡面仕上げの基本は研磨作業

前項では手作り家具の塗装について説明しましたが、ここではライン塗装の代表例として、ピアノの塗装について説明します。素材には図1に示す合板が使用されます。原木の丸太を回転させながら刃物を当てて、連続した薄い板（単板、0・2mmと0・5mm）を切り取ります。この単板を芯材、添え芯材と組み合わせて繊維方向に直交して接着剤で貼り重ねます。このように交互に接着すると、環境温湿度が変化しても素材はほとんど変形しません。

日本でピアノと言えば、漆黒調の仕上げが80％と圧倒的に多いのですが、木目を生かしたクリヤ仕上げも人気があります。塗装面はいずれも高光沢で、蛍光灯の像が鏡面のように鮮明に写るようになるまで、丹念に仕上げます（図2参照）。昔から、硬いものほど良く光ると言われており、好例が宝石です。どのように塗装すれば平滑な面に仕上がるのでしょうか？漆ならば30工程以上もかけて仕上げますが、生産ラインでは性能確保を前提に、省力化と高速化を実現しなければなりませんから、板状部材は部品ごとに塗装、研磨し、組立てて製品にする方式にします。

塗料には一度に厚塗りできる不飽和ポリエステル樹脂塗料を採用し、平面部材を2ヘッド式カーテンフローコーター（第3章20節）で、小物や曲面部材はスプレー塗装をします。厚塗りするだけでは平滑面に仕上がりませんから、研磨と磨き工程が重要になります。研磨作業は塗装よりも手間がかかりますので、能率的な方法を検討し、平面にはベルトサンダー、レベルサンダーなどの研磨機械を、曲面には手研磨、エアーサンダーなどを使用します。素地研磨と中塗り塗膜の研磨工程では、研磨紙の番手はP180～280を適宜選択します。上塗り塗膜の研磨にはP400、P600のような細かい粒度の研磨紙を使い、その後には、ポリッシング用コンパウンドでバフ研磨をして研磨痕を取り、ワックスでつや出しを行います。

要点BOX
- ●ラインに適した材料構成、工程を選ぶ
- ●ピアノの80％は高光沢の漆黒仕上げ
- ●研磨作業の良否が塗装面を決定する

図1 ピアノの素材である合板の構成

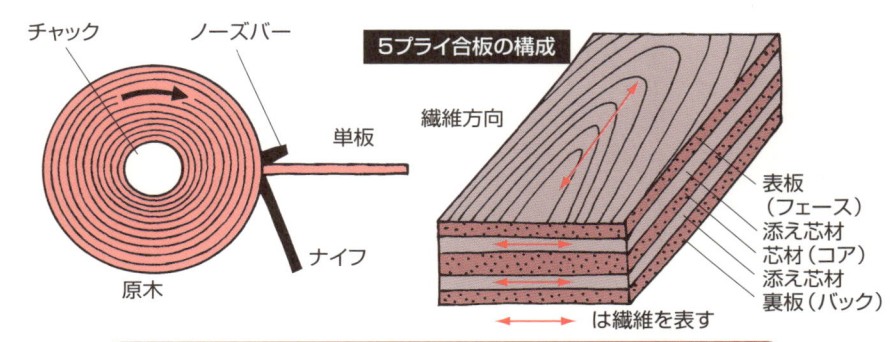

- チャック
- ノーズバー
- 単板
- ナイフ
- 原木

5プライ合板の構成
- 繊維方向
- 表板（フェース）
- 添え芯材
- 芯材（コア）
- 添え芯材
- 裏板（バック）
- ←→ は繊維を表す

図2 塗装面の仕上がり状態（塗装面に写した蛍光灯の像）

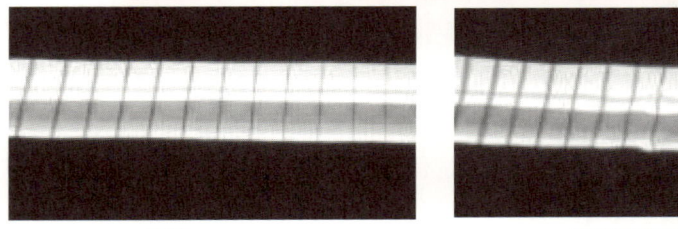

正常　　　　　　　　研磨作業不良の例

出典：池谷太一「第18回木工塗装入門講座」(2006)

表1 木地クリヤ鏡面仕上げの塗装工程

工程	塗料、使用材料	塗装法	塗膜厚	乾燥時間または放置時間
素地調整	P240			
着色	ワンピングステイン	ワンピング		50℃1H
色合わせ	ウレタンカラークリヤ・押さえクリヤ	カーテンフローコーター、スプレー2回	30μm	常温1夜以上
研磨	P320			
上塗り	ポリエステルクリヤ	カーテンフローコーター、スプレー4回	350μm	常温1夜以上
研磨	P400・P600			
艶出し研磨	綿パフ・研磨剤			
仕上げ	ワックス			

41 新しい漆塗りの世界

植栽型開発漆は魅力たっぷり

ゆっくり乾いて丈夫な被膜となる漆は自然界の産物であり、古来より我々の生活を豊かにしてきました。しかし漆かぶれという、嫌われ者の側面もあります。

漆は漆の木から採取された樹液を加工した天然塗料です。江戸時代の末期に黒船が洋式ペイント（ボイル油をバインダーとするエナメル）を日本に持ち込んでから、漆文化は庶民の生活から遊離し、さらに合成樹脂の開発で漆はますます高級志向の道を余儀なくされました。地元で採取した漆で、地元の木工品を仕上げ、これを流通させて伝統産業は継承してきましたが、漆産品は確実に減少しています。

塗料・塗装工業においてもこれからは脱石油原料とCO_2排出量削減が重要です。従って環境に優しい塗料としての漆（常温乾燥、無溶剤、資源作物、資源植栽）に注目することは有効な方法だと言えます。この観点に立ち、漆器や仏壇の域を脱し漆の利用拡大を目指した新たな漆を、京都市産業技術研究所が中心になって開発しています。開発された漆は従来の漆と同じく漆膜独自の美しい肌合いを持ち、そして工業用への進出が可能な塗料です。

この漆の概要を従来の漆と比較して表に示します。漆は常温で乾燥しますが、一定の湿度（相対湿度60％程度以上）を必要とします。開発された漆は乾燥時間を大幅に短縮できるばかりでなく、低温低湿でも乾燥します。さらに漆かぶれを軽減できること、屋外使用での光沢低下が少ないことなど、従来の漆では考えられないことです。すでに実用化され多方面での利用展開がされています。この漆で塗られた乗用車を左に示します。約1000日、6万kmの実走でも漆膜の美しさは保たれています。さらに漆膜の光沢および光劣化の様子（塗膜厚の減少）を定期的に測定しました。図のように分解して行き、雨ジミや汚れは自然浄化されます。屋外用や工業製品への漆塗装が身近になることでしょう。

要点BOX
- 大幅な乾燥時間の短縮とかぶれを低減した漆
- 屋外使用でも光沢低下が少ない漆
- 漆器や仏壇以外への漆の新たな利用

新たに開発された透すぐろめ漆＊と従来の透すぐろめ漆の比較

	新たに開発された漆	従来の漆
原料	漆の木の樹液	漆の木の樹液
加工方法	3本ロールミルによる加工	攪拌羽根による加工
水分量	3〜5%	3〜5%
添加剤	蛋白質加水分解物を数%添加	なし
乾燥雰囲気	10℃、50%RH程度でも乾燥可能	常温、湿度60%RH程度以上で乾燥
乾燥時間（20℃60%RH）	数時間程度	10〜20時間程度
粘　度	調整可能	調整可能
光　沢	非常に高い	低〜高
屋外使用時の光沢保持	60〜70%程度	10%以下
かぶれ	かぶれにくい	かぶれる

＊ 透すぐろめ漆：光沢や透明性を調整するための乾性油、松脂などを添加していない水分が3〜5%の漆

開発された漆で塗装した乗用車

資料提供：京都市産業技術研究所

紫外線と雨による漆膜の分解

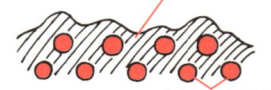

ウルシオール相
水溶性多糖類

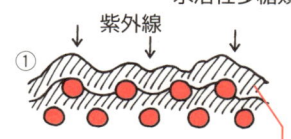

① 紫外線 → 紫外線による劣化

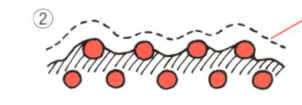

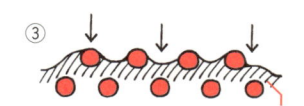

② 雨による浄化

③ 水溶性多糖類の露出

↓ 紫外線 ↓

①→②→③の繰り返しで厚膜減少

42 プラスチックを塗る

付着性を向上させるプライマーの開発

プラスチックの年間生産量は1995（平成7）年に1400万tに達し、その後、平衡状態を維持しています。一方、プラスチック年間排出量は1000万tに達し、有効利用率は60%以上となりましたが、リサイクル率は20%以下です。プラスチック素材は塗料と同じ仲間の高分子材料ですが、包装フィルムから工業部品、大型コンテナー類など必要に応じて、大小複雑な形状のものまで金型成型ができ、あらゆる分野に使用されています。プラスチック自体は着色が可能であり、塗装を必要としない物もありますが、パソコン筐体に導電性を付与したり、デザイン上要求される色彩や意匠性、耐候性などの要求には塗装が最も適切です。表1に代表的な素材と、適する前処理と塗料を示します。

車を例に取れば、図1のように外装部品だけでも多種類のプラスチックが使用されています。この中で、とりわけ問題になるのはバンパーに使用されている難付着性のPPに対する塗装です。プラスチックが金属と異なり錆びないのは良いことですが、塗装の立場からは塗料が付着しないことが問題です。表面にエネルギー線を照射して活性化することも有効ですが、生産ラインでは生産効率とコストが優先するので塗料で解決する方法を選択します。付着性を向上させるプライマーを開発し、下塗りに使用します。

どのような機構で難付着性のPP表面を改質するのでしょうか？プライマー用樹脂はPPと同じ分子骨格にして、塩素（-Cl）、カルボキシル基（-COOH）、水酸基（-OH）などの極性基を適当量、導入します。このプライマーを塗装すると、図2のような分子配向をとり、一つの分子内にある似たもの同士（極性基と極性基、無極性は無極性分子同士）が選択的によく引き合い、結果的に良好な付着性が得られます。このように塗料、塗装技術者は常に困難な問題にぶつかりながら解決策を見い出しています。

要点BOX
- 電磁波シールド性、光輝性を付与
- 難付着性PPも万能プライマーでOK
- クレームの嵐にもまれて育つ塗装技術

表1 プラスチック成形品の塗装前処理と適用塗料

前処理 / プラスチック	研磨	溶剤洗浄 アルコール	溶剤洗浄 炭化水素	水性洗浄	薬液処理 酸処理等	乾式処理 火炎プラズマ処理	下塗プライマー塗装	フタル酸樹脂系	アクリルラッカー	エポキシ樹脂系	ウレタン樹脂系	熱硬化アルキド	熱硬化アクリル
ABS	○	○						○	○				
PS	○	○						○	○	○			
AC	○		○					○	○				
PC	○	○		○				○	○		○	○	
PP				○		○	○						
PVC	○	○								○	○		
PA	○				○					○	○	○	○
PE	○			○						○	○	○	○
PH	○			○				○			○	○	
ME	○			○							○		
EP	○			○							○		
PU	○			○			○				○		

*PS：ポリスチレン、AC：アクリル、PC：ポリカーボネート、PA：ポリアミド、
　PE：ポリエステル、PH：フェノール、ME：メラミン、EP：エポキシ、PU：ポリウレタン

図1　自動車部品に使用される各種プラスチック

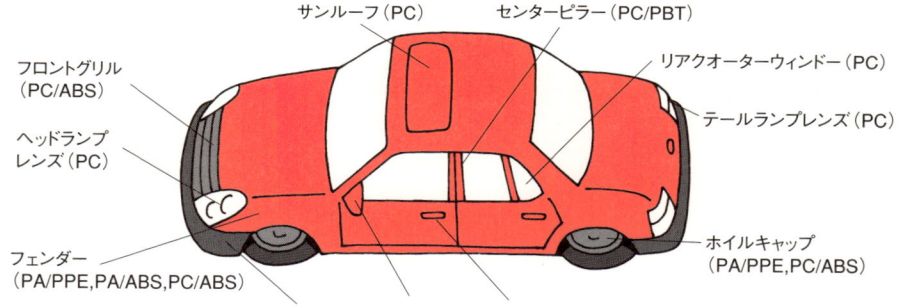

- サンルーフ（PC）
- センターピラー（PC/PBT）
- リアクオーターウィンドー（PC）
- テールランプレンズ（PC）
- フロントグリル（PC/ABS）
- ヘッドランプレンズ（PC）
- フェンダー（PA/PPE、PA/ABS、PC/ABS）
- フロントバンパ（PP）
- ドアミラー（PA、PBT）
- ドアハンドル（PC/ABC、PC/PBT）
- ホイルキャップ（PA/PPE、PC/ABS）

（PBT：ポリブチレンテレフタレート、PPE：ポリフェニレンエーテル、PC/ABS、PC/PBTなどはエンプラ系ポリマーアロイ）

図2　プライマーによる付着性向上機構

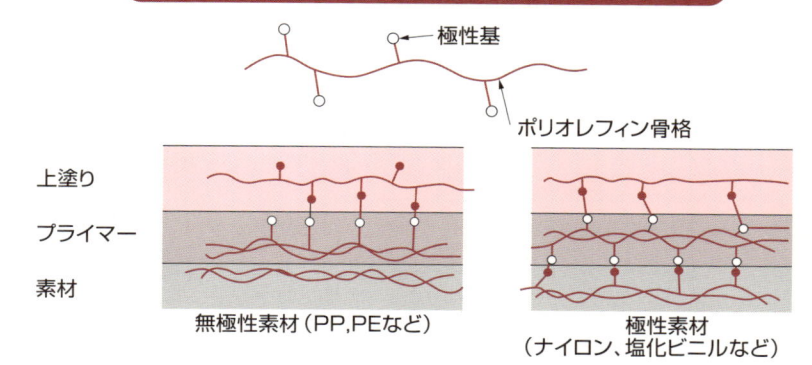

- 極性基
- ポリオレフィン骨格
- 上塗り
- プライマー
- 素材

無極性素材（PP、PEなど）　　　極性素材（ナイロン、塩化ビニルなど）

Column

雷の話

静電気は塗料と塗装の分野で腐れ縁的に深く関わっています。火災やブツ対策では静電気をなくす対策を取りますが、静電塗装では静電気を発生させ、噴霧粒子を帯電させます。わかっているつもりでも理解していないことがよくあります。

雷は自然界における静電気の放電現象です。富山では12月初めに起きる雷を伴った暴風雨や雪のことを「鰤（ぶり）おこし」と呼んでいます。落雷が発生する頃から、富山湾では寒鰤の水揚げが本格化するからです。大陸から冷たい季節風（シベリア寒気団）が日本海に入ってくると海上に雲が発生します。その雲が気流に乗って日本海を横断してくる時に、本州沿岸を流れる暖流、対馬海流との温度差によって上昇気流が生じ、100〜数100mの低空に豊富な水蒸気を含む積乱雲（雷雲）を形成します。上昇気流が雷の元です。雲は氷の粒でできていますが、強い上昇気流があると、雲の中で大きな氷の粒と小さな氷の粒とがぶつかり合い、小さな粒は⊕に、大きな粒は⊖に帯電します。そして、軽い小さな粒は気流で雲の上の方に運ばれ、重い大きな粒は下の方に位置します。全体として上方に⊕、下方に⊖の電荷が分布します。この雲と地面との間で一瞬のうちに生じる放電現象が落雷です。

雷は周りに比べて高く突き出たところに落ちますから、野原などに雷があったら大木の傍には近付かないようにしましょう。雷が木に落ちると同時に人間を貫通して行くので非常に危険です。木よりも人体の方が通電しやすいためです。雷にあったら、身につけている金属製のアクセサリーを外せと言われますが、効果はありません。基本的には何もない所で、姿勢を低くして待機することが安全です。テントは周りよりも高く、支柱が金属なので落雷の危険性があります。山小屋では、柱のない中央部にいる方が安全です。落雷を避けるには「くわばら、くわばら」なる呪文を唱えると良いそうです。菅原道真の領地だった桑原には雷が落ちなかったから、この呪文を唱えるまじないは、食あたりを防ぐ効能があるという伝説もあります。そうです。「気象庁」を3度唱え

第5章

こうすればわかる塗料・塗膜の性能

●第5章 こうすればわかる塗料・塗膜の性能

43 ボテボテ、シャバシャバ？ 粘度を測る

タレを防ぐ塗料のからくり

私たちの周りには、水、油、シャンプー、マヨネーズ、ジャムなどさまざまな液体がありますが、シャバシャバしたものからドロドロ、ボテボテしたものまで流動の様子が皆、違っているように感じませんか？塗装材料の流動性もパテから、クリヤ、エナメル、分散液（エマルションなど）に至るまで変化に富んでいます。これらは必ず流動状態を経て固化します。平滑な良い外観に仕上げるためには塗装方法にあった流動性（粘性と弾性）が必要ですが、おおまかには粘度で液体の流動性を比較します。まず、20℃で水の粘度は、1mPa・s（ミリパスカルセコンドと呼ぶ）で、天ぷら油のそれは約100倍大きいと理解してください。偉大な科学者であるニュートンは粘性率（粘度）を次式で定義しました。以下、N式と略します。

（かき混ぜに要する力）＝（粘性率）×（かき混ぜ速度）

N式に従う液体をニュートン流体と呼びます。かき混ぜ速度が一定の時、油は水に比べて100倍の力を要します。図1に示す回転粘度計を使用すると、N式に従う粘度が求まりますが、通常の作業では、簡易的に図2に示す粘度カップを使用し、カップ内の塗料の流出時間を計測します。N式の粘度と流出時間との関係は図3のように示され、100秒程度までは比例関係が成立します。エアスプレーガンでは12秒程度（約40mPa・s）に調整しますが、この塗料をはけ塗りすると粘度が低すぎてうまく塗れません。塗装方法ごとに塗料の粘度には適正な範囲があり、この関係を第3章19節にまとめてあります。

樹脂溶液中に図4のように微粒子を分散させると、静置している時には粒子の連結で固体の性質（弾性）を与え、塗る時には粒子がばらばらになり、流れやすくなります。その結果、小さな力で塗れ、塗装後は粒子の連結で粘度が一気に上昇するため、タレない性質を付与することができます。きれいに塗るための塗料のからくりがここにあります。

要点BOX
- 粘度はニュートンの式で求める
- 実用粘度はカップ式、絶対粘度は回転式で計測
- 流動性にも塗料のからくりあり

図1　回転粘度計

ベルト
指針
変速機
目盛板　同期モータ
スプリング
試料
試料容器
回転体

(a) 二重円筒式

回転体
試料
試料容器

(b) コーンプレート式

図2　粘度カップによる流下時間の測定

粘度カップ
測定時間[秒]
塗料

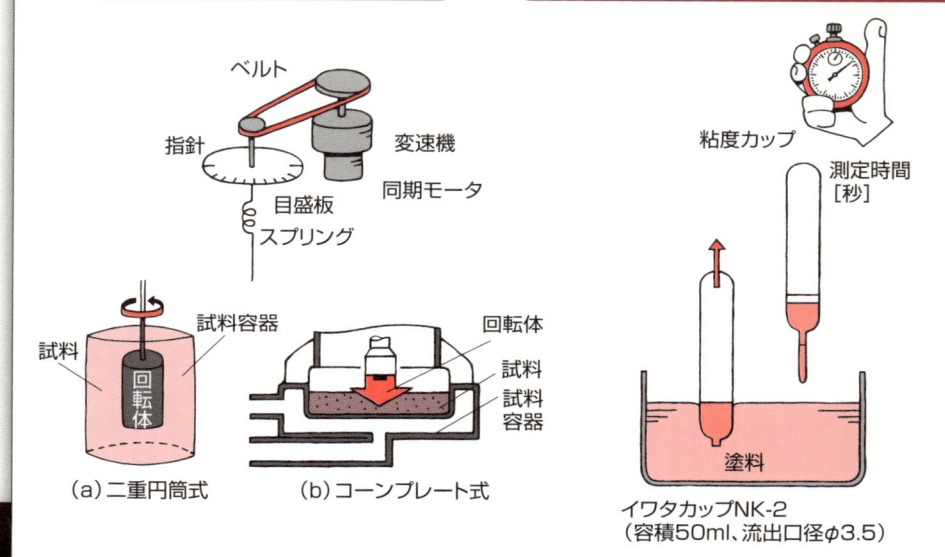

イワタカップNK-2
(容積50ml、流出口径φ3.5)

図3　粘度カップによる流下時間と粘度との関係

粘度カップ流出時間（s）
回転粘度計で求めた粘度（mPa·s）

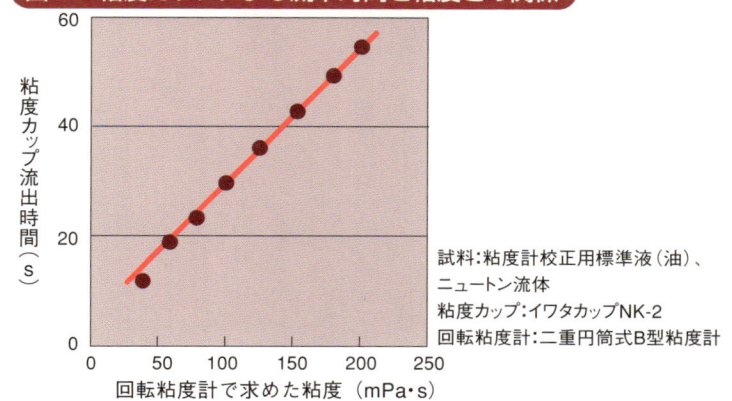

試料：粘度計校正用標準液（油）、ニュートン流体
粘度カップ：イワタカップNK-2
回転粘度計：二重円筒式B型粘度計

図4　微粒子分散系の流動性のからくり

高 ←粘度→ 低

(a) 放置する（構造ができる）　　(b) 強くかき回したり振ったりする（構造が壊れる）

● 第5章 こうすればわかる塗料・塗膜の性能

44 色を測る・色を表す

可視光の吸収成分の分析でわかる色の正体

私たちが色や形を感じるには、光が必要です。雨上がりの時に、太陽光線は水蒸気で分光され、虹を映し出します。太陽光の中には肉眼に感じる可視光（波長380～780nm）が含まれているから、私たちは色を認識できます。可視光線を分光して物体に当て、吸収があるか無いかを計測することが測色の原理です。赤エナメルは600nm以下の波長域をほとんど吸収するので、反射光は赤色成分のみになります。染料溶液は可視光線を透過するので透過光のスペクトルを計測します。赤い染料溶液ならば、赤エナメルと同様に600nm以下の光を吸収します。可視光線のうち、どの波長成分を吸収するかで物体色がわかります。図1に示すような分光反射率、透過率曲線にして表すと、色の正体を知ることができます。

測色計には、測色の原理に基づく分光測色計と刺激値直読タイプの色彩計があります。前者は高精度ですが、装置が大がかりゆえ、現場向きではありません

が、後者は低価格、小型で、携帯用に便利です。刺激値直読タイプとは色をマンセルあるいは、L*a*b*表色系などで数値化できることを意味し、後述する標準色票を指定できます。色彩計は対象色を好みの表色系で表すこと、色差を計算できることが特徴です。調色品が目標色とどの程度、近いかどうかを判定するのに色差を利用します。一般的に調色した場合、色差の最大許容範囲は0.5以内ですが、目視を優先します。目視で比色する場合、光源はとても大切です。塗料分野では太陽光の波長分布に近いD65光源が良いとされています。

ところで、色のイメージには個人差があるので、色を選ぶ時や、色を指定する場合に誤解を生むことがよくあります。商取引、色彩計画に対して活用されているものに日本塗料工業会が発行している塗料用標準色見本帳があります。この見本帳はマンセル表色系を基本にしており、図2に示す記号表示になっています。

要点BOX
- ●可視光の吸収波長成分で色が決まる
- ●比色の最終判断は目視
- ●色の具体的表現は色見本帳か試験片表示

図1　可視光の波長成分（スペクトル）とエナメル色の分光反射率曲線

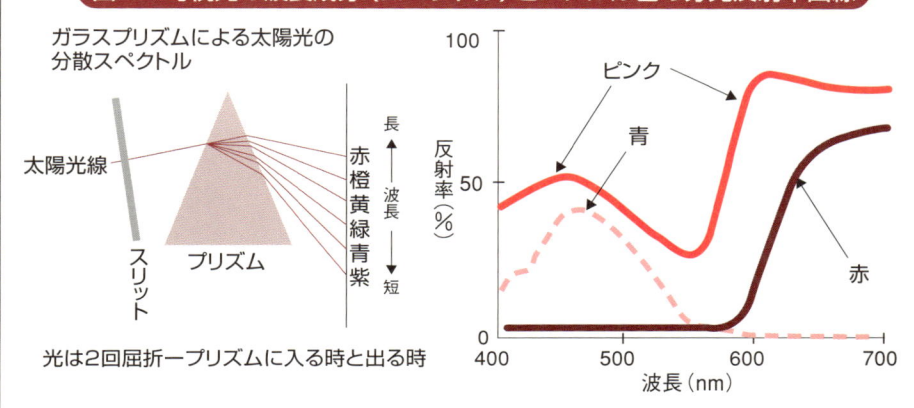

ガラスプリズムによる太陽光の分散スペクトル

太陽光線　スリット　プリズム

赤橙黄緑青紫　長←波長→短

反射率(%)　ピンク　青　赤

波長(nm)

光は2回屈折ープリズムに入る時と出る時

図2　塗料用標準色見本帳の色票番号の見方

1.表示記号の構成

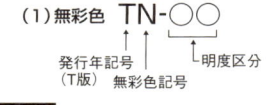

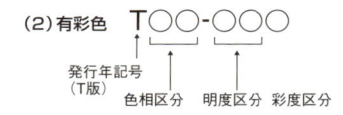

(1) 無彩色　TN-○○
発行年記号（T版）　無彩色記号　明度区分

(2) 有彩色　T○○-○○○
発行年記号（T版）　色相区分　明度区分　彩度区分

2.記号の説明

(1) 色相区分

日塗工表示	マンセル色相記号		日塗工表示	マンセル色相記号
R（赤）	02　2.5 R 05　5 R 07　7.5 R 09　10 R		BG（青緑）	52　2.5 BG 55　5 BG 57　7.5 BG 59　10 BG
YR（黄赤）	12　2.5 YR 15　5 YR 17　7.5 YR 19　10 YR		B（青）	62　2.5 B 65　5 B 67　7.5 B 69　10 B
Y（黄）	22　2.5 Y 25　5 Y 27　7.5 Y 29　10 Y		PB（青紫）	72　2.5 PB 75　5 PB 76　6.25 PB 77　7.5 PB 79　10 PB
GY（黄緑）	32　2.5 GY 35　5 GY 37　7.5 GY 39　10 GY		P（紫）	82　2.5 P 85　5 P 87　7.5 P 89　10 P
G（緑）	42　2.5 G 45　5 G 47　7.5 G 49　10 G		RP（赤紫）	92　2.5 RP 95　5 RP 97　7.5 RP 99　10 RP

(2) 明度区分

日塗工表示	マンセル明度記号
95	9.5
92	9.2
90	9
85	8.5
80	8
75	7.5
70	7
65	6.5
60	6
55	5.5
50	5
40	4
30	3
20	2
10	1

(3) 彩度区分

日塗工表示	マンセル明度記号
A	0.5
B	1
C	1.5
D	2
F	3
H	4
L	6
P	8
T	10
V	12
W	13
X	14

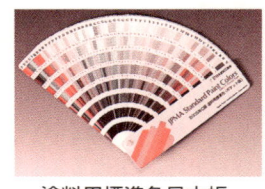

塗料用標準色見本帳

色番号：TN95→無彩色
マンセル記号：N-9.5

無彩色とは白黒の世界で白は10、黒は0になる。N-9.5とはほぼ白色で、東京タワーの白色に相当

色番号：T09-50X→有彩色
マンセル記号：10R5/14
（10R、5の14と読む）
色相10R、明度5、彩度14

東京タワーのオレンジ色に相当

3.色票番号表示例

	T版日塗工表示	マンセル記号		T版日塗工表示	マンセル記号
無彩色	TN-95	N-9.5	有彩色	T02-60H	2.5R6/4
	TN-10	N-1		T99-30P	10RP3/8

出典：「カラリングガイドー色彩読本」p20、（社）日本塗料工業会（1996）

45 つやはあるの？光沢を測る

高光沢面の外観評価には写像鮮映性を

漆塗りの肌をはじめ、乗用車やピアノの塗装面はとてもピカピカしており、まるで鏡のように像が鮮明に映ります。一方、建築物の外装塗装面はつやがありません。凹凸感のある被塗物を高光沢で仕上げた場合、反射光が多いので凹凸感がさらに強調され、見苦しい外観になってしまいます。私たちの住環境や生活用品の中にはつやを出した方が良いものもあれば、つやを出さない方がよいものもあります。塗料は工業製品ですから、つやの程度も定量的に管理してゆかねばなりません。塗装面の仕上がり状態を指示する時には、つや有り、3分つや、つや消しなどと表現するのは適切ではありません。これらは光沢感を表す感覚的な尺度です。（反射光束）／（入射光束）の比を測定し、光沢度として表現すれば定量化できます。鏡面光沢度Gs（θ）は入射角θでの基準面（屈折率1.567の磨かれた黒ガラス面）の鏡面光沢度を100とし、試験片の鏡面光沢度を次式で求めます。

Gs（θ）＝{（試料面からの鏡面反射光束）／（基準面からの鏡面反射光束）}×100

θは入射角であり、20°、60°、85°が用いられます。低光沢の面を見る時には図1のθを大きくして、高光沢の面ではθを小さくして測定します。一般には、60°鏡面光沢度で塗装面の光沢の良否を定量評価しています。図2に示すように、高光沢感の面では20°鏡面光沢度を試験値として採用しますが、さらに光沢感が高くなると、θ＝20°でも感度が低くなるため写像性の良否で判断する鮮明度光沢度が必要になります。写真1は漆の磨き工程で、きめ細かなゆがみを周波数解析して定量化する方法などが確立されています。このタイプの試験装置には種々のデータ解析ソフトが組み込まれており、パソコンが威力を発揮しています。鮮映性は顔料分散性や塗膜形成過程に生じる微細な凹凸の周期や振幅が支配要因と考えられています。

要点BOX
- つやの良否は鏡面光沢度で定量評価する
- 高光沢感のつやの良否は真上から見る
- 乾燥過程の微妙な変化が鮮映性に反映

図1　鏡面光沢度の原理

入射光束
反射光束
θ　θ
正反射

図2　心理的光沢感と鏡面光沢度

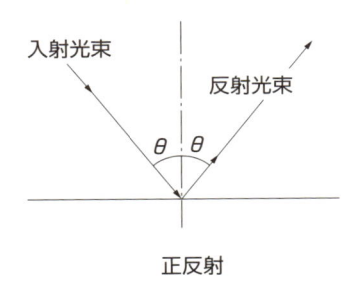

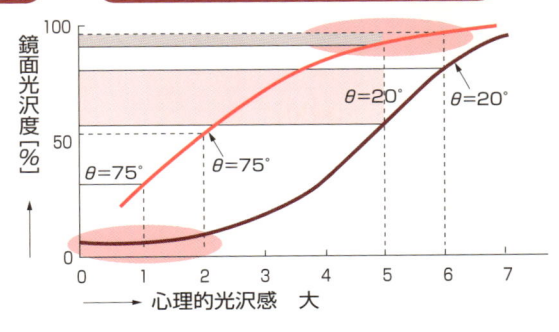

鏡面光沢度［％］

θ=20°
θ=20°
θ=75°
θ=75°

心理的光沢感　大

この領域は光沢度と光沢感が比例しない

写真1　漆の磨き－写像が鮮明になってくる

写真提供：京都市産業技術研究所

46 よくくっついているか

付着力の発生とその評価

塗料は被塗物にしっかりくっついていなければ存在価値がありません。塗料分野ではくっつくことを付着すると表現します。塗料の付着力には、原子が介在する化学結合力と分子同士に作用する分子間力（ファン・デル・ワールス力と水素結合力など）がありますが、ほとんどはファン・デル・ワールス力だと考えられています。この力はどのように作用するのでしょう。どんな物質も原子でできているから電気の「もと」である⊕、⊖電荷をもっています。図1に示すように、分子中のある部分に電荷のかたよりがあると分子間の⊖と⊕電荷がお互いに中性になろうとして引き合います。この引力が高分子量である塗料樹脂の分子鎖全体と被塗物間に起きるので、しっかりと付着することができます。

付着力そのものを直接評価する試験方法が未だに確立されていません。そこで、実用的な試験方法のいくつかを紹介します。まず、手軽にやれるのが、ごばん目試験です。JIS K 5600-5-6では、クロスカット法として規定されています。いずれもカッターナイフで素地に達する切り傷跡を描き、その形状から塗膜の付着性の良否を判定します。素地の硬軟や塗膜の膜厚によって試験方法が異なります。金属やガラスのような硬い素地の場合、図2に示すように、長さ約75mmの粘着テープを格子部分に貼り付け、引きはがして、はがれ具合を観察します。図3の判定基準に従い、結果を表示します。点数の小さい方が付着性は良好です。

次に、引張り付着試験方法（プルオフ法、JIS K 5600-5-7）を図4、5に示します。金属棒または金属板の間に塗膜を挟んで引っ張り、塗膜素地間で破壊を起こさせ、その引張り付着強さを測定します。破壊は最も弱い場所で起こり、ほとんどが凝集破壊ですから、真の付着力がわからないのです。破壊場所と強度を測定して、付着強さ（MPa）とします。

要点BOX
- ●付着力の主役はファン・デル・ワールス力
- ●引張り強度と破壊場所で半定量評価
- ●実用的には、ほとんどごばん目試験で評価

図1　ファン・デル・ワールス力

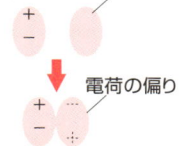

(a) 配向効果
極性分子同士に生じる引力

(b) 誘起効果
極性分子と無極性分子間

(c) 分散効果
無極性分子同士

電荷の瞬間的偏り

図2　クロスカット法―テープはく離の規定

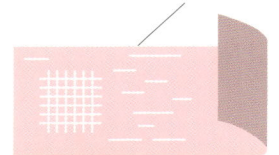

テープの長さ、約75mm
0.5～1.0秒の時間で引きはがす
ひきはがしの方向
約60°
テープ
基板
塗料
カット

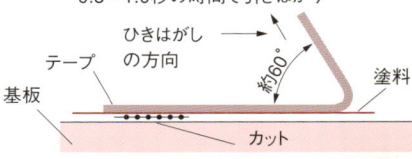

a) 格子に貼りつけるテープの位置
b) 格子からの取外し直前のテープの位置

出典：日本規格協会発行、JISハンドブック30塗料、p285（2004）

図3　クロスカット法 試験結果の判定

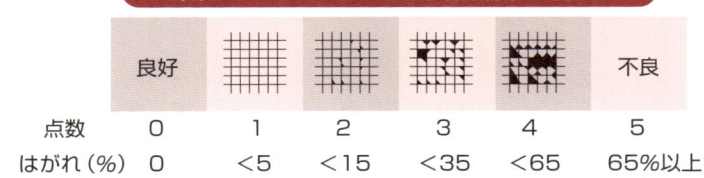

判定	良好					不良
点数	0	1	2	3	4	5
はがれ (%)	0	<5	<15	<35	<65	65%以上

図4　引張りおよびせん断付着試験

丸棒
短冊（たんざく）板
試験板、棒
塗膜
接着剤

(a) つき合わせ法
(b) サンドイッチ法
(c) せん断引張り法

図5　破壊位置

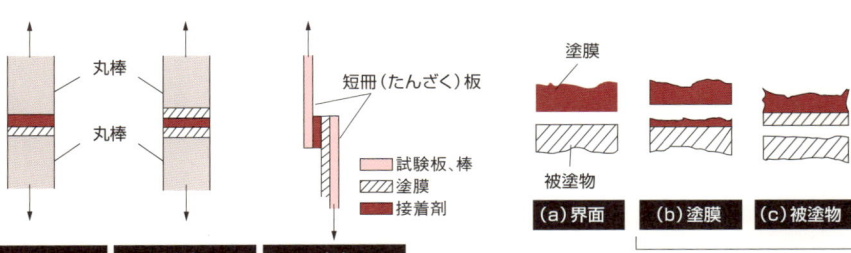

塗膜
被塗物

(a) 界面 — 接着破壊
(b) 塗膜
(c) 被塗物 — 凝集破壊

47 硬いか、強いか、よく伸びるか？

遊離塗膜の引張り試験でわかること

材料の物理的な強さを表現するのに、私たちは「強い」「弱い」「もろい」「丈夫」など様々な言葉を使います。これらの関係は図1のように整理でき、よく伸びるゴム系塗膜は、図1のだ円で示す粘り強い領域に相当します。一方、パテのような固体粒子高充てん塗膜は点線のだ円で示すもろい領域に該当します。表題の硬い、よく伸びる材料とは強い材料です。このような物性を知りたい時には、被塗物から遊離塗膜をはがし、その塗膜を短冊形(たんざく)にして引張り試験機にかけ、一定速度で引張るとよくわかります。荷重と伸びとの関係から応力〜ひずみ曲線を求めると、図2に示す結果が得られ、次のように整理できます。

① 硬さはヤング率（弾性率）に比例し、強さは抗張力で示されます。

② 塗膜のたわみ性・耐衝撃性は破壊伸びにほぼ比例します。

③ 応力〜ひずみ曲線に囲まれた面積は塗膜の破壊に要する仕事量Uです。いろいろな破壊現象を解析する時に利用できます。

焼付け温度を変えた場合の塗膜の応力〜ひずみ曲線の一例を図3に示します。高温焼付けほど弾性率は大きく（硬い）、破壊伸びは小さい（もろい）ことがわかります。多くの塗装系で塗膜の破壊伸びはあまり大きい必要はなく、数％でも実用強度に耐えることがわかりました。また、付着性の良いプライマーを使用すると、多層系付着塗膜の破壊伸び（図4）は遊離塗膜のそれよりも明らかに大きくなるようです。この点が塗装系の妙味です。

付着状態の塗膜の機械的性質を調べる試験法はJIS K 5600に11項目規定されており、工業界で多用されている一つは鉛筆引っかき試験（図5）です。硬度記号の異なる鉛筆（6B〜9H）を使用して、傷が付くのか、塗膜が破れるのかを調べて、H、3Hのように表現します。

要点BOX
- 遊離塗膜の応力〜ひずみ性から実用強度を解明
- 塗膜のヤング率は硬さ、破壊伸びはたわみ性に
- 耐屈曲性は下塗り塗膜の付着性が勝負

図1　材料の物理的強さの表現

- 硬　大
- 弾性率
- 強い
- もろい
- 小 ← 破壊伸び
- 脆（ぜい）
- 破壊伸び → 大
- 靭（じん）
- 弱い
- 弾性率
- 軟　小
- 粘り強い

図2　遊離塗膜の引張り試験で求めた応力～ひずみ曲線

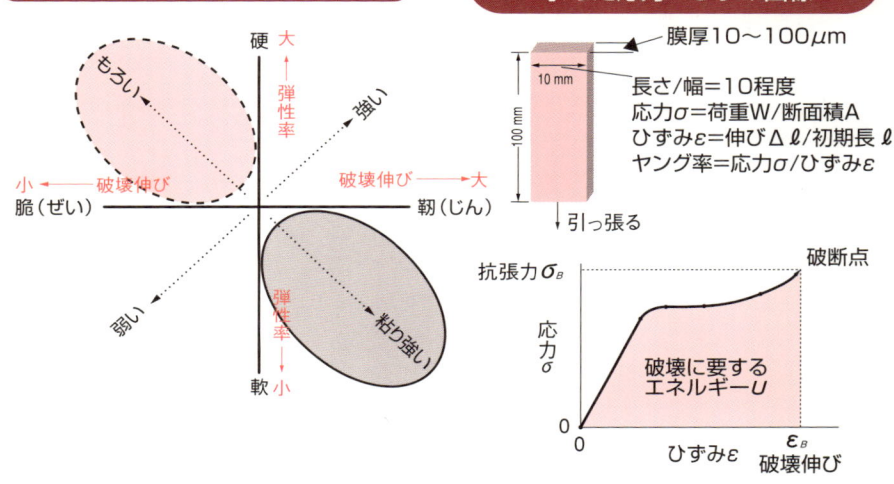

膜厚10～100μm
10 mm
100 mm
長さ/幅＝10程度
応力σ＝荷重W/断面積A
ひずみε＝伸びΔℓ/初期長ℓ
ヤング率＝応力σ/ひずみε

引っ張る

抗張力 σ_B　破断点
応力σ
破壊に要するエネルギーU
0　ひずみε　ε_B 破壊伸び

図3　アミノアルキド樹脂クリヤ塗膜の応力～ひずみ曲線

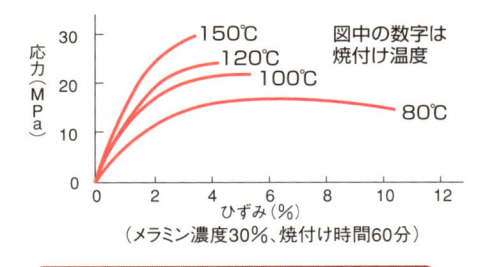

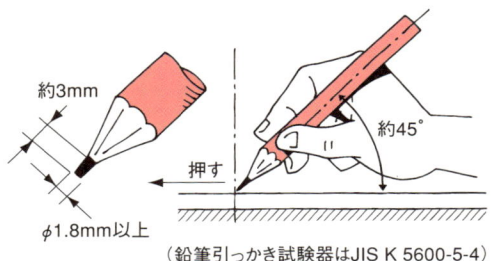

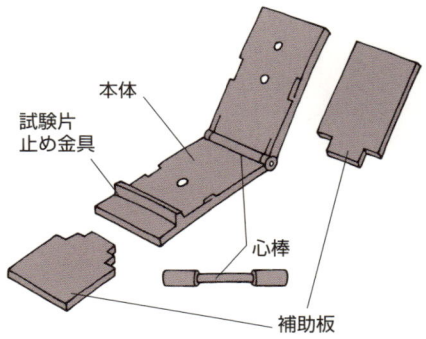

応力(MPa)：0, 10, 20, 30
ひずみ(%)：0, 2, 4, 6, 8, 10, 12

150℃、120℃、100℃、80℃
図中の数字は焼付け温度
（メラミン濃度30％、焼付け時間60分）

図4　屈曲試験器

本体
試験片止め金具
心棒
補助板

（たわみ性評価はJIS K 5600-5-1と5-2）

塗装面を外側にして心棒に沿って折り曲げ、塗膜に割れやはがれが生じるか否かを調べる

図5　鉛筆引っかき試験

約3mm
φ1.8mm以上
押す
約45°

（鉛筆引っかき試験器はJIS K 5600-5-4）

● 第5章 こうすればわかる塗料・塗膜の性能

48 温度、変形速度で大きく変わる塗膜物性

粘弾性体の挙動を解明する

塗料も塗膜も粘弾性体で、液体（粘性）と固体（弾性）の性質を持っています。塗膜を速く引張ると固体の性質が大きく現れます。丁度、低温側で引張り試験をしたようです。今度はうんとゆっくり引張ってみましょう。まるで、加熱して軟らかくなった塗膜のようにヤング率が小さくなりました。液体の性質が大きく現れたのでしょうね。温度は一定なのに何故このようにヤング率が引張り速度で変化したのでしょうか？（図1、2）

もっと分かり易くするために、塗膜をアスファルトに見なします。この上を車が高速で走り抜ける場合と、アスファルトを突き抜けて咲いた花で考えてみましょう。アスファルトは車から見れば硬い路面ですが、草の芽から見ると突き抜けることができる液体のようです。車と草の芽は何が違うのでしょうか？アスファルトに作用している時間が違いますね。全ての粘弾性体は固体としてがんばる時間 λ を持って

います。塗膜は種類や硬化条件が異なれば、それぞれに異なる λ を有しています。肝心なことは、作用時間 t ががんばり時間 λ を越えるかどうかなのです。車のように t が λ よりもはるかに小さい時には固体（弾性体）として挙動するから、硬い路面になります。一方、草の芽が成長しながら絶え間なくアスファルトを押し続けると、t は λ を上回り、アスファルトは固体としてがんばるのをあきらめるので流動します。すなわち草の芽からみればアスファルトは液体に過ぎません。それでゆうゆうとアスファルトを突き破り、花を咲かせます。（図3、4）

同様な現象が温度の変化で現れます。塗膜を加熱すると分子間力が弱まり、λ が小さくなります。冷却すると、反対に λ が大きくなります。作用時間 t が同じであっても、λ は温度で変わるため、低温側で $t \to \lambda$ になると硬く、高温側で $t \gg \lambda$ になると、とろけるように軟らかくなってしまいます。

要点BOX
- 粘弾性体はがんばり時間と作用時間で解析
- 低温での性質は高速変形に対応する

図1　変形速度を変えた塗膜の引張り挙動

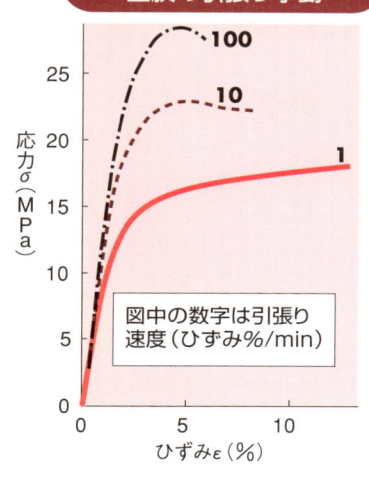

図中の数字は引張り速度（ひずみ%/min）

図2　温度を変えた塗膜の引張り挙動

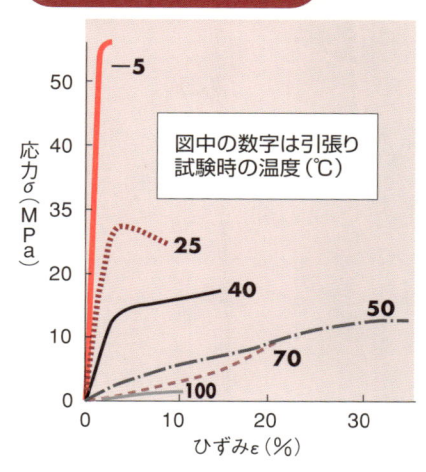

図中の数字は引張り試験時の温度（℃）

図3　アスファルトに咲く花

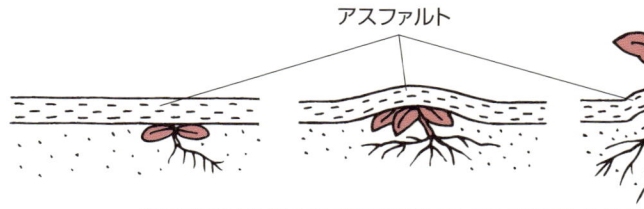

アスファルト

作用時間tががんばり時間λを越えた時には流動状態（液体の性質）

図4　車が高速で走り抜けた時

作用時間tががんばり時間λよりも小さい時には硬い路面状態（固体の性質）

● 第5章 こうすればわかる塗料・塗膜の性能

49 塗膜の摩耗抵抗

要因解明が難しい摩耗界面の破壊現象

接触している2つの物体の1つが運動しようとするとき、または運動するとき、その運動を妨げようとする力が接触面で生じます。この現象を摩擦と言います。摩擦力が弾性限界の範囲内では摩擦ですが、物体がその力で塑性変形から破壊を伴う場合は摩耗です。

摩耗性は塗膜の重要な物性の1つです。塗装工程において、時間・労力などの面から研磨作業の占める割合は非常に大きく、その良否は直接、塗装の仕上がりや作業能率に影響します。耐摩耗性と研磨容易性は共に摩耗抵抗に関する性質ですが、両性質は相反します。耐洗浄性も固体／液体間の摩耗とみなせます。実用塗膜では、上塗り塗膜は砂じんの衝突や引っかきに抵抗する摩耗抵抗の大きいことが要求される一方、中塗り塗料は研磨抵抗の小さいことが必要になります。

車両・航空機からカード類に至るまで、表面層の塗膜は常にほかの物体と接することになりますから、耐摩耗性と研磨容易性に適当な研磨紙を装着する試験機を2つ紹介します。規格試験方法に関することは、JIS K 5600-5-8、5-9、5-10、5-11を参照ください。

① 落砂摩耗試験機(JIS H 8682-3:1999)

規定量(2000±10ml)の砂(オタワ砂または相馬標準砂)を約1m上方のホッパーからノズル(内径適当な研磨紙を装着する)を通して自然落下させ、塗面(水平に対し45°傾けて固定)に当てます(図1)。

② サザランド形摩耗試験機

図2に示すように、アームの先につけた摩擦体(底部に適当な研磨紙を装着する)の往復円弧運動により塗膜が研磨されます。円弧運動の速度は約8m/分(毎分40回往復)と小さいため熱の影響が少ないこと、実際の研磨作業に似ていること、比較的再現性も良いことから、研磨作業の要因解明に使用されてきました。(図3、4)

要点BOX
- 摩擦力が弾性限界を超え、破壊に至ると摩耗
- 上塗り塗膜の耐摩耗性と下地塗膜の研磨容易性
- 実用、使用条件にあう試験装置の開発が必要

図1　落砂摩耗試験機

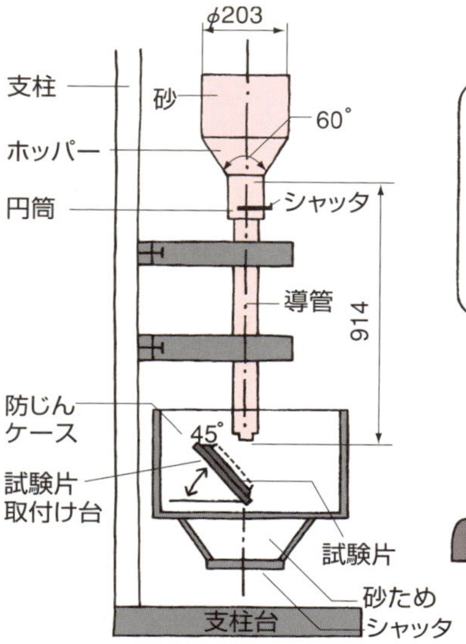

- 支柱
- ホッパー
- 円筒
- 砂
- φ203
- 60°
- シャッタ
- 導管
- 914
- 防じんケース
- 45°
- 試験片取付け台
- 試験片
- 砂ためシャッタ
- 支柱台

（20〜30メッシュの相馬砂、2000mlの落下に要する時間が22±2秒であること。）

図2　サザランド（Sutherland）型摩耗試験機

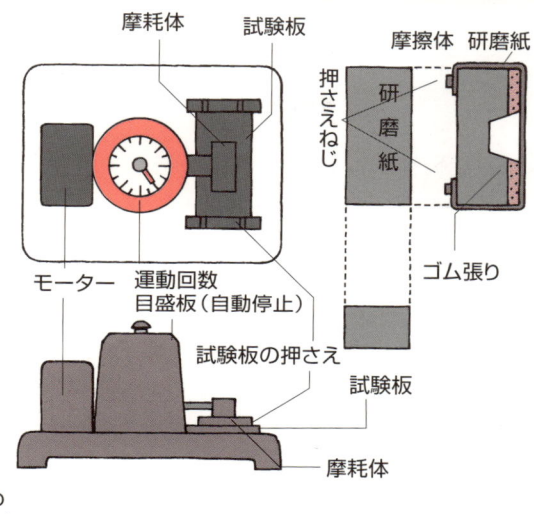

- 摩耗体
- 試験板
- 摩擦体
- 研磨紙
- 押さえねじ
- 研磨紙
- ゴム張り
- モーター
- 運動回数目盛板（自動停止）
- 試験板の押さえ
- 試験板
- 摩耗体

図3　アミノアルキド樹脂塗膜の摩耗量におよぼす研磨媒体液の効果

研磨容易性の解析実験

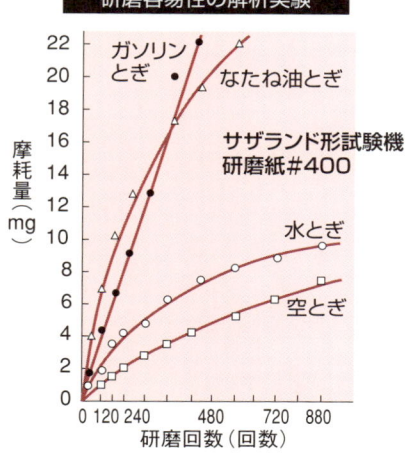

サザランド形試験機　研磨紙#400

- ガソリンとぎ
- なたね油とぎ
- 水とぎ
- 空とぎ

縦軸：摩耗量（mg）　横軸：研磨回数（回数）

図4　アミノアルキド樹脂塗膜の摩耗量におよぼす滑り添加剤の影響

上塗り塗膜の耐摩耗性の要因解析

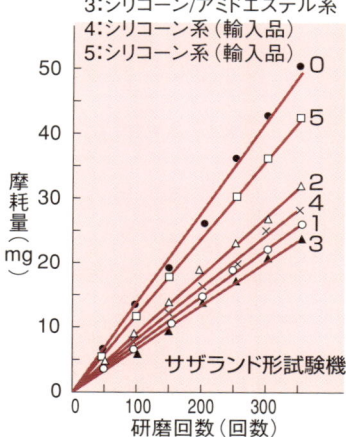

- 0：添加剤なし
- 1：低融点マイクロワックス
- 2：高融点マイクロワックス
- 3：シリコーン/アミドエステル系
- 4：シリコーン系（輸入品）
- 5：シリコーン系（輸入品）

サザランド形試験機

縦軸：摩耗量（mg）　横軸：研磨回数（回数）

50 促進試験で劣化を調べる

劣化現象をいかに短期間で再現するか

塗膜の劣化によって、光沢低下、変色、白亜化、ふくれ、さび、割れ、はがれ、汚染などのさまざまな塗膜欠陥を生じます。塗膜の劣化は太陽光線、酸素、水分、温度変化、亜硫酸ガス、海塩粒子などさまざまな環境因子の複合効果として現れます。そこで、耐候性のような長期性能に関する試験は、本来その塗膜が使用される環境条件で評価するのが望ましいのですが、このような方法では、場合によっては数年、数十年といった長期間を要します。現実的には、劣化現象をできるだけ短期間に再現できる促進試験を採用します。JIS K 5600では、表1に示すように、劣化因子を塩水、湿度、温度変化や光など単一要因に絞り込んだものから複合したものまで、8項目の試験法を規格化しています。

促進試験で重要なことは、劣化状態の近似性と促進性です。現在、使用されている促進耐候試験機を主要劣化因子で整理すると、表2のようにまとめら

れます。試験評価法は目視による劣化状態の観察が最も重要です。塗膜の光沢度や色の保持性は実用上の目安になる重要な項目です。光沢保持率を評価値として、鋼構造物用上塗り塗料の耐候性をキセノンウェザーメータ（XWOM）で試験（JIS K 5600-7-7 キセノンランプ法に準拠）した結果を図3に示します。ふっ素樹脂系塗膜が明石海峡大橋に採用された理由がここにあります。

重防食用塗料ではさびの発生（図2、3）を調べる試験が重要です。防食性の促進試験法として、あらかじめ金属素地面に達する傷を入れてから、単一あるいは複合腐食サイクル試験を行います。後者は実際の環境との相関性を高める目的で、塗装製品が遭遇するであろう腐食因子を複数組み合わせる試験です。例えば、塩水噴霧、湿潤、熱風乾燥試験（0.5～2H）をいくつか組み合わせて1サイクルとし、状況に応じて何サイクルかを実施します。

要点BOX
- 屋外暴露による劣化には環境因子が複合する
- 促進耐候試験機の選択がキーポイント
- 劣化の評価値には光沢、変色、さび発生など

表1　塗膜の長期耐久性に関する規格試験

(1) JIS K5600-7-1 耐中性塩水噴霧性
(2) JIS K5600-7-2 耐湿性（連続結露法）
(3) JIS K5600-7-3 耐湿性（不連続結露法）
(4) JIS K5600-7-4 耐湿潤冷熱繰返し性
(5) JIS K5600-7-5 耐光性
(6) JIS K5600-7-6 耐候性
(7) JIS K5600-7-7 促進耐候性（キセノンランプ法）
(8) JIS K5600-7-8 促進耐候性（紫外線蛍光ランプ法）

表2　屋外暴露の促進耐候試験機

重点項目	試験機
耐候性	キセノンウェザーメータ サンシャインウェザーメータ
耐紫外線性	紫外線カーボンフェードメータ・QUV デューサイクルウェザーメータ
耐光性	エマ・エマクア
耐食性	複合サイクルウェザーメータ・塩水噴霧試験機

図1　光沢保持率におよぼす促進耐候試験（XWOM）時間

（光沢保持率(%)＝Y時間後の光沢／初期の光沢×100）

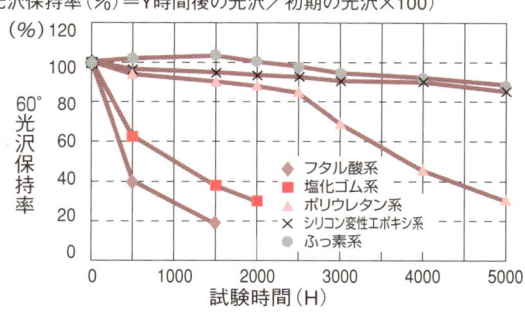

凡例：フタル酸系、塩化ゴム系、ポリウレタン系、シリコン変性エポキシ系、ふっ素系

横軸：試験時間（H）　縦軸：60°光沢保持率(%)

図2　さび止めプライマーの防せい性の比較

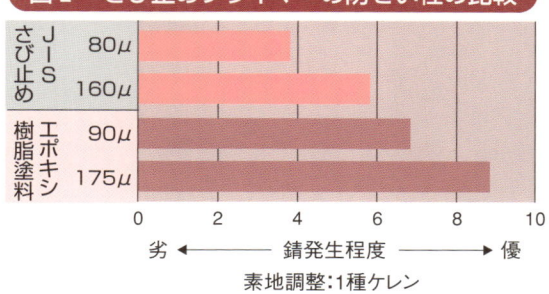

		錆発生程度
JIS さび止め	80μ	約4
	160μ	約4
樹脂エポキシ塗料	90μ	約7
	175μ	約9

横軸：劣 ←　錆発生程度　→ 優（0〜10）
素地調整：1種ケレン

図3　さびの発生状態の比較

海浜暴露8年

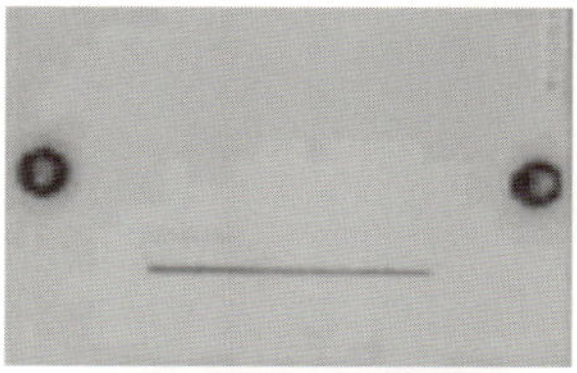

塗装系A
一般部、カット部とも塗膜欠陥の発生なく良好

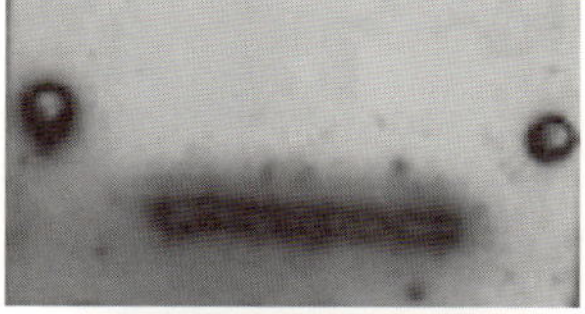

塗装系B
一般部：発錆
カット部：著しい発錆

Column

テーブル面の白いシミ

食卓テーブルに水布巾を敷き、その上に熱い土鍋ややかんなどを置いた時、塗装面にはしばしば白いシミ（白化）が現れることがあります。日常的によく認められる現象ですが、何故白化するのかは明らかになっていないようです。木工塗装には透明仕上げが多く採用されており、経験的事実から中塗り塗料（サンディングシーラー、Sanding sealer）に使用する充てん材が白化現象の原因物質だと考えられます。

坪田、長沼の研究でわかったことは、①白化した系は充てん材／ポリマー界面の接着性が悪く、水が侵入したこと、②界面の水が抜けてポリマーが弾性回復したら白化が消えること、③ポリマーが弾性回復できない場合には、界面に空隙が残るためますます白くなること、④ポリマーが弾性回復できるかどうかはポリマーの熱運動の目安となるガラス転移温度Tgに左右され、この温度が室温よりも高い場合には弾性回復ができないが、低い場合には弾性回復ができることです。

この研究結果から、塗膜が白化したら、塗装面をヘアードライヤーで加熱してやれば良いことになります。実際にやってみると、ほぼ復元できます。ただし、長時間経過した白化を完全に復元することは困難でした。恐らく粘土のように流動して永久変形したため、元に戻れなくなったためです。日常の単なる白化が、実際にはミクロというかナノ分子の世界を私たちにみせてくれたのだと自然現象に感謝しています。

もう一つ、白化にまつわる面白い話を紹介しましょう。氷の塊は透明なのに、かき氷はなぜ白っぽく見えるのでしょうか？光は屈折率の異なる物質に入ると、光の一部は反射します。氷の屈折率は約1.3で、空気のそれ（1.0）よりも大きく、氷粒子表面での反射光は氷粒子表面積の増大に伴い増大します。氷からの反射光の増大が白さを増したのです。磨りガラスが白く見えるのも同じ現象です。

第6章

機能で広がる塗料の用途

● 第6章 機能で広がる塗料の用途

51 こんなこともできる塗料の世界

塗料の領域を広げる機能性塗料

塗料の基本的な性能は素材の保護と美観の付与ですが、近年、様々な機能を発現する樹脂、顔料、添加剤、薬剤が開発され、それらを組合せることで多くの機能性塗料が創られています。ここでいう機能性塗料とはこうした原材料組成、工程改善などによって得られる特定の機能をもつ付加価値の高い技術集約型の塗料です。

塗料の機能を分類すると熱的機能、電気・磁気的機能、光学的機能、化学的機能、表面的機能、生態的機能、その他機能に分けられ、その概要は次のとおりです。

① 熱的機能：高温に強い耐熱塗料、燃えにくい難燃性塗料、火災時に膨張断熱効果をもつ耐火塗料、熱により色変化する示温塗料、太陽熱を反射する遮熱塗料などがあります。

② 電気・磁気的機能：電気を通す導電性塗料、電磁波のノイズを防ぐ電磁シールド塗料、記録媒体として用いられる磁性塗料などがあります。

③ 光学的機能：蛍光塗料、見る角度によって色が異なる塗料、光の反射防止膜用塗料、光によって回路パターンを作成するフォトレジスト（塗料）などがあります。

④ 化学的機能：化学物質を吸着し脱臭・消臭効果を持つ塗料、光触媒効果により防汚、抗菌、脱臭作用をもつ塗料などがあります。

⑤ 表面的機能：水や油をはじく撥水・撥油塗料、氷の付着を防ぐ着氷防止塗料、結露防止塗料、素材から膜をはがすことができるストリッパブル塗料、そして雨水によって油汚れを洗い落とす自己洗浄性塗料などがあります。

⑥ 生態的機能：海中で貝や藻類の付着を防止する海中防汚塗料、抗菌塗料、防虫塗料などがあります。

⑦ その他の機能：発泡、透湿、止水、防音、制振などの機能性塗料があります。

要点BOX
- ●機能性塗料は技術集約型
- ●さまざまな分野で機能性塗料が用途を拡大

多種多様な機能性塗料

機械的機能
高硬度、高強度、高靭性、耐摩耗性、潤滑性、形状記憶、

化学的機能
防食性、耐薬品性、ガス分解、消臭、中性化防止、触媒活性、吸着性、イオン交換

光学的機能
発光、蛍光、蓄光、再帰反射、フォトクロミック、光電導、フォトレジスト

表面機能
非粘着、ストリッパブル、着氷防止、高撥水、撥油、結露防止、貼紙防止

電気・磁気的機能
絶縁、導電、帯電防止、電磁波吸収、誘電、エレクトロクロミック、磁性

生態機能
海中防汚、養藻、防菌、防虫、防腐、組織適合性

熱的機能
耐熱、断熱、発熱、遮熱、サーモクロミック、防火、感熱記録、赤外線吸収、放射

その他の機能
発泡、分離、ガスバリヤー、透湿、防水、防音、止水、制振

52 電気抵抗、電磁波を制御する

静電気を逃す塗料、電磁波を吸収する塗料

塗料用樹脂は通常、有機ポリマーで構成され、有機ポリマーのほとんどは電気を通しません。しかし、室内の埃の付着を抑えたい、プラスチックを静電塗装をしたい、あるいは電磁波を吸収してノイズを防ぎたいといった要請には電気抵抗の小さな塗料、すなわち導電性を付与した塗料を用いる必要があります。

塗料に導電性を与えるには導電性顔料を加えるのが最も容易で一般的な方法です。導電性顔料にはカーボンブラックや銀・銅・ニッケルなどの金属粉、酸化錫などがあります。導電性カーボンブラックは有用な材料ですが塗料が黒色になり、淡彩色の塗料ができません。そこでアンチモン／錫で表面を被覆した酸化チタンやマイカなどの白色系導電性顔料も開発されています。

塗料に導電性を与えるためには顔料同士が接触していることが望ましいため一定量以上の体積濃度になるよう顔料を加える必要があります。

電気を通すかどうかは体積固有抵抗値を測定すれば解ります。すなわち、電気絶縁体は10の10乗Ωcm以上であるのに対し、帯電防止用塗料は10の4乗～7乗Ωcm、導電体や電磁シールドは10の4乗Ωcm以下といったところです。

帯電防止塗料は精密機械、電子部品の製造といった埃を嫌う室内の天井、壁、床面に塗装されます。静電気を逃がすことが埃を呼び寄せないことにつながります。自動車のプラスチックバンパーを静電塗装しようとする場合には、あらかじめバンパーに導電性プライマー（下塗り）を塗布し、その上から通常の上塗り塗料を静電塗装します。また、電子機器や筐体内面に導電性塗料を塗装すると帯電防止に大変有効です。

さらに、電磁波によるノイズが社会問題化していますが、電磁シールドには銀、銅などの金属粉を高濃度に用いた塗料が、磁気シールドにはフェライトや金属磁性体を用いた塗料が使用されています。

要点BOX
- 導電性顔料によって導電性塗料を調製
- 導電性は体積固有抵抗値を測定する
- 埃防止や通電、電磁シールド等に活躍

体積固有抵抗値による塗料の分類

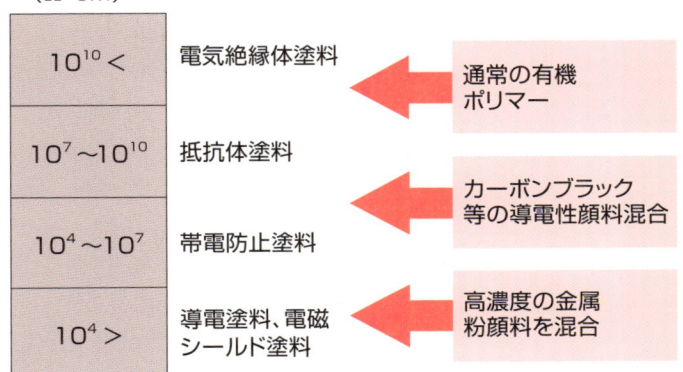

(Ω·cm)		
$10^{10}<$	電気絶縁体塗料	← 通常の有機ポリマー
$10^7\sim10^{10}$	抵抗体塗料	
$10^4\sim10^7$	帯電防止塗料	← カーボンブラック等の導電性顔料混合
$10^4>$	導電塗料、電磁シールド塗料	← 高濃度の金属粉顔料を混合

導電性カーボンブラックの塗膜中の分布の模式図

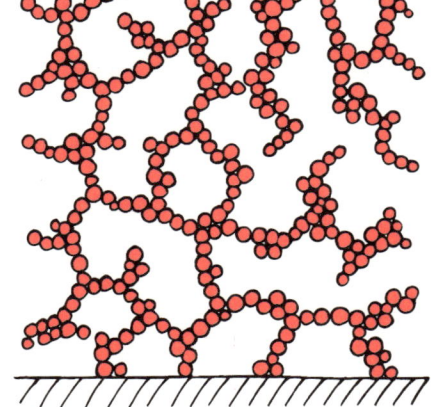

導電性カーボンブラックは塗膜内部でブリッジ（橋）構造をつくり電気を通りやすくする。

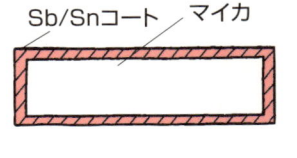

白色導電性顔料の例

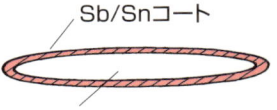

- Sb/Snコート / TiO₂（TiO_2）
- Sb/Snコート / マイカ
- Sb/Snコート / 針状酸化チタンあるいはチタン酸カリウィスカー

※ Sb:アンチモン
　Sn:錫
　TiO_2:酸化チタン
　ウィスカー:針状結晶構造物

●第6章　機能で広がる塗料の用途

53 熱を制御する

赤外線を反射する太陽熱高反射塗料や耐火塗料

熱に関わる機能で最近注目されているのが太陽熱高反射塗料です。真夏の屋外に置かれた車に乗るときの暑さを思い出してください。あれは太陽光の中の赤外線を吸収することによる熱が原因です。そこで地球温暖化やヒートアイランドが問題になる中、屋根や壁、道路に塗装して室内や路面の温度上昇を抑制する塗料が開発されています。ところで車の温度は白い車と黒い車では異なります。これは白い塗料（顔料）は赤外線を反射しやすいためです。このように各種の顔料の中から赤外線の反射率の高いものを選択して塗料にしたものが太陽熱高反射塗料です。顔料選択では粒子形状の影響も大きく、鱗片状、あるいは大粒子径の顔料は有用です。また黒色顔料の選択は重要で、濃色であっても赤外線吸収率の高いカーボンブラック顔料を用いない設計が必要になります。ガラスバルーンのように中空粒子を用いた塗料も断熱塗料として開発されています。熱伝導は物質内の分子の衝突によって起こるため、気体は熱伝導しづらく、中空粒子は断熱に有効です。太陽熱高反射塗料および断熱塗料はいずれも家屋、倉庫、工場、道路等々に塗装され、塗装による温度抑制効果が検証されています。

発泡型の耐火塗料も興味深い塗料です。アスベストは耐火材料として優れていますが肺がん、中皮腫などの健康被害が社会問題化し、使用が禁じられています。耐火塗料は鉄骨などに塗装し、火災によって温度が250℃程度になると多価アルコール等が炭化し、ポリ燐酸アンモニウム等により発泡が生じるように設計された塗料です。その結果、約10～50倍程度に膨張した気泡層によって、火災に対し1時間程度持ちこたえることができます。下塗りに防錆塗料を、中塗りに耐火塗料を膜厚1.5mm程度塗り、さらに上塗りに各色の塗料を塗ることで防錆上、美観上も良好な塗装工程が組まれています。

要点BOX
- ●赤外線を反射する太陽熱高反射塗料
- ●中空粒子を用いる断熱塗料
- ●火災により発泡し鉄骨を守る耐火塗料

太陽熱高反射（遮熱）塗料と断熱塗料

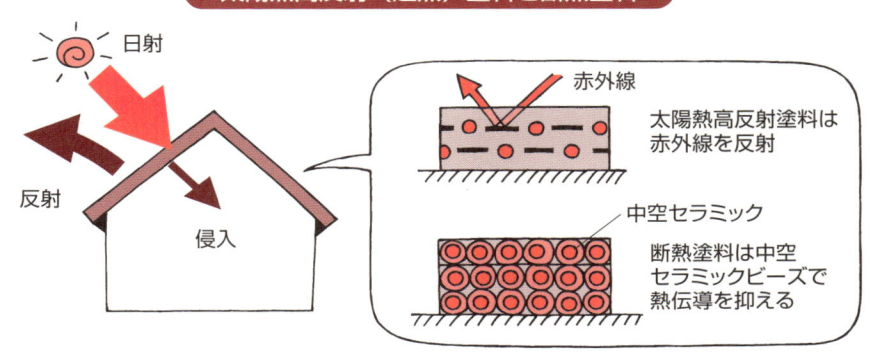

太陽熱高反射塗料は赤外線を反射

断熱塗料は中空セラミックビーズで熱伝導を抑える

日射／反射／侵入／赤外線／中空セラミック

各色太陽熱高反射塗膜の分光反射率の例

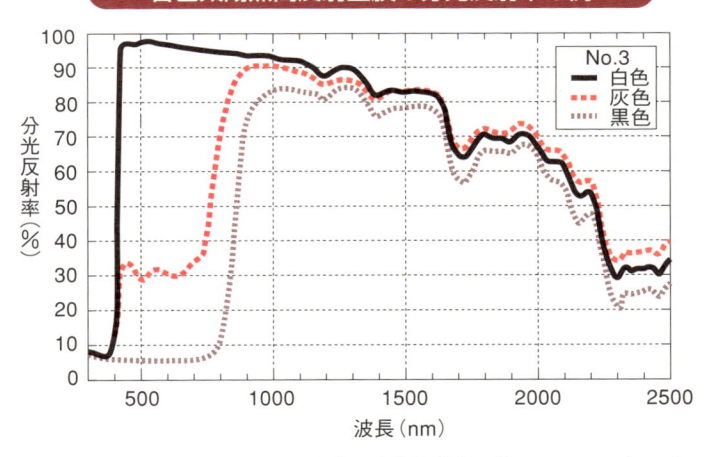

No.3
— 白色
--- 灰色
··· 黒色

縦軸：分光反射率（％）
横軸：波長（nm）

出典：三木勝男：塗装工学, Vol.40, p286（2005）

発泡型耐火塗料

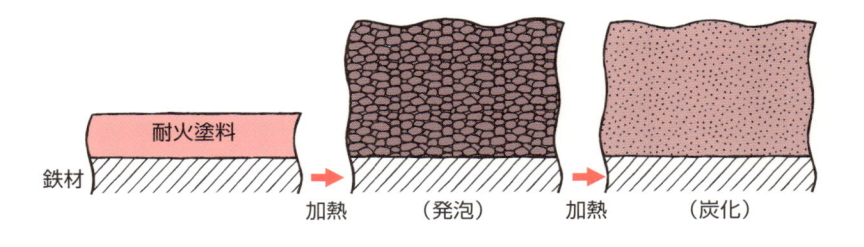

耐火塗料／鉄材　→　加熱（発泡）　→　加熱（炭化）

● 第6章 機能で広がる塗料の用途

54 擦り傷を防止する

スチールウールでこすってもOK、ハードコート

プラスチックはその加工性と用途の広がりからまさに20世紀を代表する工業材料と言えましょう。例えばアクリル樹脂やポリカーボネート樹脂はその透明性を生かした様々な用途に使用されています。しかし、こうした樹脂は磨耗傷がつきやすいといった弱点があります。そこで表面の硬度を増し、耐摩耗性を向上させ、プラスチックのもつ弱点を改良するのがハード（硬い）コートです。塗料分野では硬さの評価に鉛筆を用いる方法がありますが、通常の焼付け塗料では2H程度が限度であるのに対し、ハードコートでは5H〜7H程度が可能です。また、スチールウールによる磨耗の程度も著しく向上します。

ハードコートはシリコーン樹脂系と紫外線（UV）硬化系に大別できます。シリコーン樹脂系は一分子に反応点（X）が3個、4個あるRSiX₃やRSiX₄のようなシリコーン化合物を硬化させ、あたかもガラスに似たSi—O—Si結合で繋がった硬化塗膜にしたもの

です。硬度を上げたり脆さを改善するためにコロイダルシリカ（コロイド状の微粒子シリカ）などを併用することも一般的です。

紫外線硬化樹脂系は反応性の2重結合（C＝C）をもつアクリルモノマー（アクリル樹脂原料の低分子量体）やもう少し分子量の大きいオリゴマーを組み合せて、非常に密な状態で官能基が反応し硬化するよう設計した塗料です。塗料には紫外線によって反応の開始剤になる光開始剤が含まれ、硬化を進行させます。

シリコーン系ハードコートは最も高い硬さを得られますが、硬化に長時間を要します。一方、紫外線硬化系は硬さは劣りますが、数分以内の硬化時間で完了する利点があります。ハードコートはプラスチックガラスやレンズなどの各種プラスチック製品の他、パソコン、携帯電話の筐体、テーブル、人造大理石の塗装など多方面に用いられています。

要点BOX
● 硬度、耐摩耗性を上げるハードコート
● シリコーン系は高硬度に特徴
● 紫外線硬化系は短時間硬化に特徴

ハードコートの比較

項目		シリコーン系	紫外線硬化系
塗料	樹脂	オルガノポリシロキサン	多官能アクリレート
	可使時間	1〜2ヶ月	≒6ヶ月
	硬化	70〜130℃×1〜2Hr	室温×30s
塗装	雰囲気	<60%R・H	
	被塗物形状	制限なし	平面に近いもの
塗膜性能	硬度	◎	○
	耐擦傷性	◎	○
	耐薬品性	○	△
	耐候性	○	△
	可撓性	△	○
コスト	コスト	△	○
	生産性	△	○

◎:極めて良好、○:良好、△:可

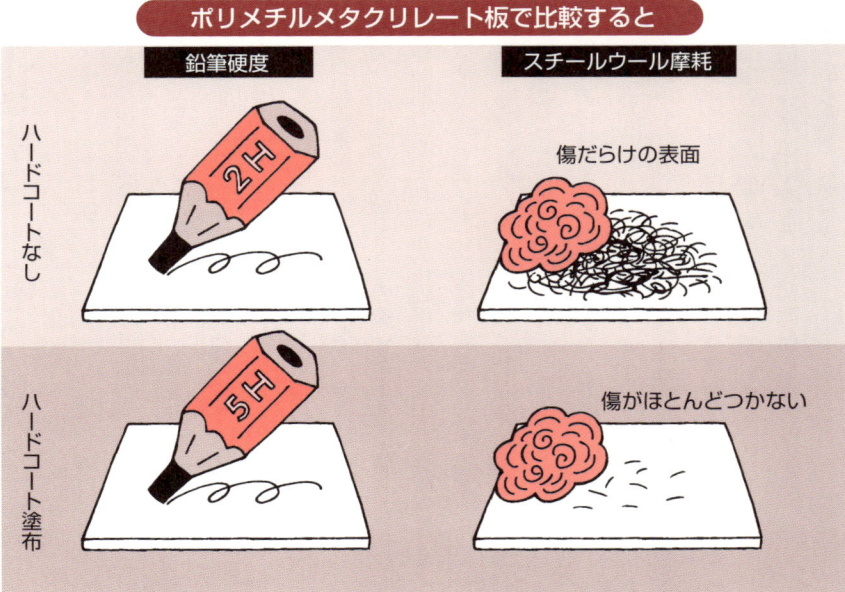

ポリメチルメタクリレート板で比較すると

鉛筆硬度 / **スチールウール摩耗**

ハードコートなし: 傷だらけの表面

ハードコート塗布: 傷がほとんどつかない

55 汚れを雨が洗い流す

自己洗浄性耐汚染塗料は親水性が決め手

建物や構造物に付着した汚れ物質は美観を著しく損ねますが、その洗浄は厄介なものです。今でもビルの窓ガラスなどは屋上から吊り下げられたゴンドラに人が乗って人力で洗浄されています。こうした問題を解決しようとするのが、雨が降れば自動的に汚れ、特に都心部での油汚れが洗い流されるよう設計した自己浄化性塗料です。

油汚れを防ぐには次の3点を考える必要があります。

① 塗膜と油汚れの化学構造上の親和性が低いこと。
② 塗膜が硬質で、硬化の程度が進んでおり、付着した汚染物質が塗膜内部に浸透しづらいこと。
③ 塗膜表面を親水化し、油汚れを落としやすくする手法です。

①、②はその通りですが、他の性能とのバランスでこのことだけに注視した塗料設計は難しいのが実情です。そこで最も重要な決め手が、

親水化とはどういうことでしょう。塗膜表面に水滴を置きますと、水に対する塗膜のぬれやすさによって水滴のつくる角度(これを接触角といいます)が変わります。この接触角が小さいほど塗膜の親水性は高い(高表面エネルギー)と言えます。耐汚染塗料では接触角が40度程度以下でその働きが十分に見られます。都心部の油汚れには自動車廃ガス中のタール状成分などが含まれており、塗膜表面を親水化することで油と塗膜の間に雨水が浸透し油成分を洗い流してくれることになります。

親水化のためには表面を改質したシリカゾル(溶液状シリカ)を塗料中に分散した有機/無機ハイブリッドやコロイダルシリカ(コロイド状シリカ)表面を樹脂でコーティングしたエマルションなど無機成分を活用したいくつかの方法が実用化されていますが、表面に親水性成分が多く存在し、初期から親水性を示す設計が求められています。

要点BOX
- 雨水で油汚れを洗い流す耐汚染塗料
- 設計のポイントは表面の親水化
- 親水化にはシリカゾルなど無機物を活用

親水性表面は水の接触角（θ）でわかる

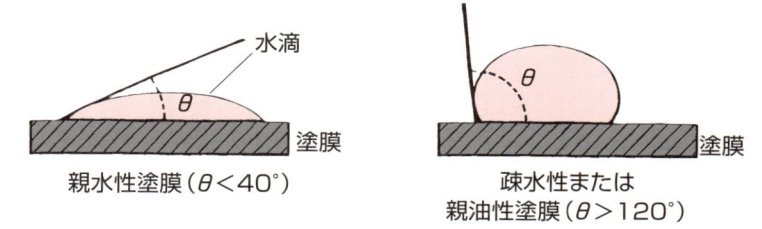

水滴 / 塗膜
親水性塗膜（θ＜40°）

塗膜
疎水性または親油性塗膜（θ＞120°）

油汚れは親水性塗膜表面で洗い流される

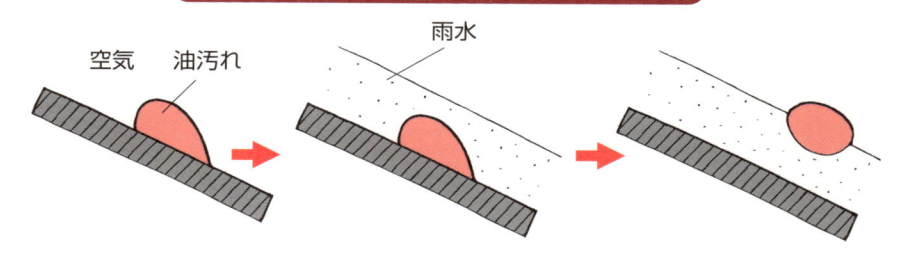

空気　油汚れ → 雨水 →

雨が降ると親水性表面の自己洗浄性塗料は汚れが落ちる

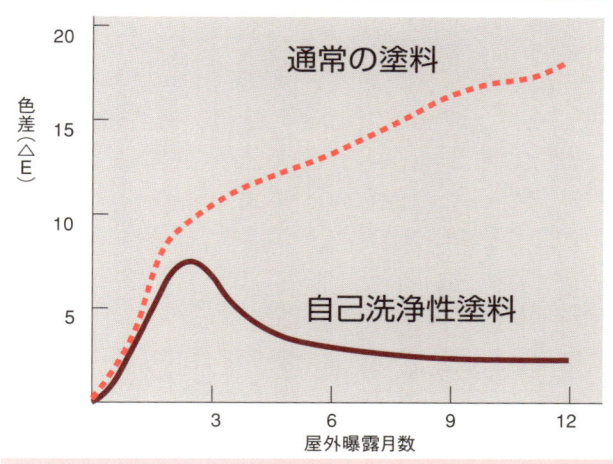

色差（△E）

通常の塗料

自己洗浄性塗料

屋外曝露月数　3　6　9　12

水の接触角が小さいほど汚れの程度（明度差ΔL）が小さい

56 汚染物質を分解する

日本発の注目技術、光触媒塗料

光触媒は日本発の注目技術です。1972年に酸化チタンの光触媒反応が本多・藤島効果としてネイチャー誌に発表され、大きな注目を集めました。酸化チタンは白色顔料として良く知られた材料ですが、この光触媒効果によって新たな用途が急速に拡大しています。

では酸化チタンの光触媒効果とはどのようなことでしょうか。酸化チタンは熱や光によって半導体になります。酸化チタンに380ナノメートル以下の波長の近紫外線が当たると、そのエネルギーによって酸化チタンは電荷分離し、電子e-とその抜けた孔である正孔e+を生じます。正孔は強い酸化力をもち、酸化チタン表面で水によってできた水酸基(OH基)と反応し、ヒドロキシラジカル(・OH)を生じます。また、電子は強い還元力をもちスーパーオキサイドアニオン(O_2^-)を生じます。これらは強力な反応活性を持っており、表面の吸着物質と反応して分解します。これが光触媒効果です。例えば、タバコのヤニ、アミンやアルデヒドのような悪臭物質、NOxを分解し、かび、大腸菌などに抗菌作用をもたらします。また、酸化チタン表面は非常に親水性ですので55節で述べました耐汚染塗料としても大変有効です。

ところで光触媒にはアナターゼ型の結晶構造の酸化チタンが用いられますが、塗料化する際に通常の有機ポリマーを用いますとポリマー自身が酸化チタンによって分解されてしまいます。そこで水ガラスやシリコーン系、テフロン系などの分解されにくいバインダー(結合剤)が選択されます。特にシラノール(Si-OH)やアルコキシシラン(Si-OR)を反応させて得た無機バインダーが有力です。また、チタンのアルコシド(Ti-OR)やその水との反応物であるチタニアゾルを用いてガラスやタイルにコーティングし、焼付ける手法も大変有効で、紫外線が当る環境でさえあれば光触媒は有効に機能します。

要点BOX
- ●酸化チタンの光触媒は日本発の技術
- ●汚染物・ガスの分解、抗菌等に有効
- ●塗料化のポイントはバインダーの選択

光触媒の作用メカニズム

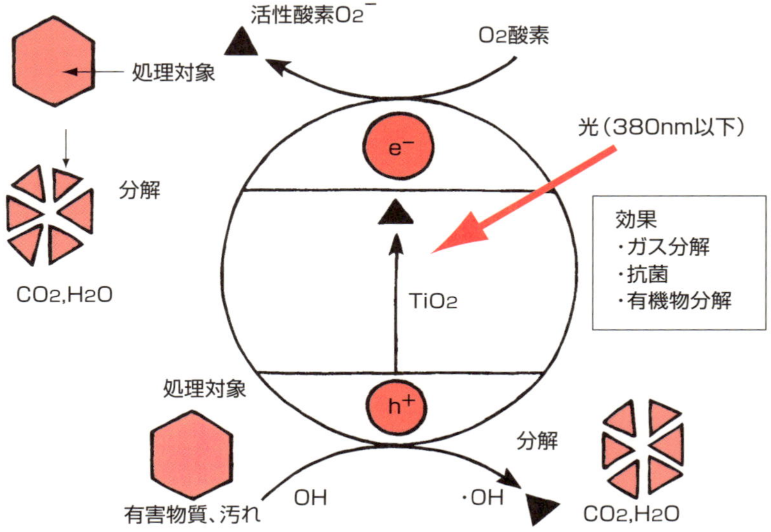

活性酸素O_2^-
O_2酸素
処理対象
分解
CO_2,H_2O
光(380nm以下)
e^-
TiO_2
効果
・ガス分解
・抗菌
・有機物分解
処理対象
h^+
分解
有害物質、汚れ
OH
・OH
CO_2,H_2O

出典:高濱孝一:機能材料, Vol.21, 〔3〕, p23, (2001)

光触媒塗膜の構成例

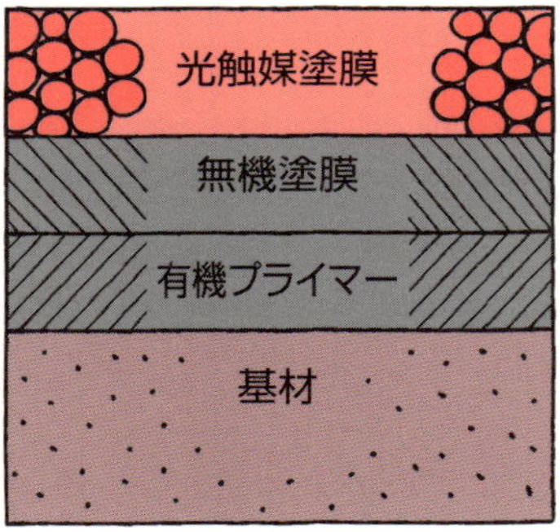

光触媒塗膜
無機塗膜
有機プライマー
基材

光触媒が基材を侵さず付着性も考慮した組合せ

光触媒による悪臭物質分解の例

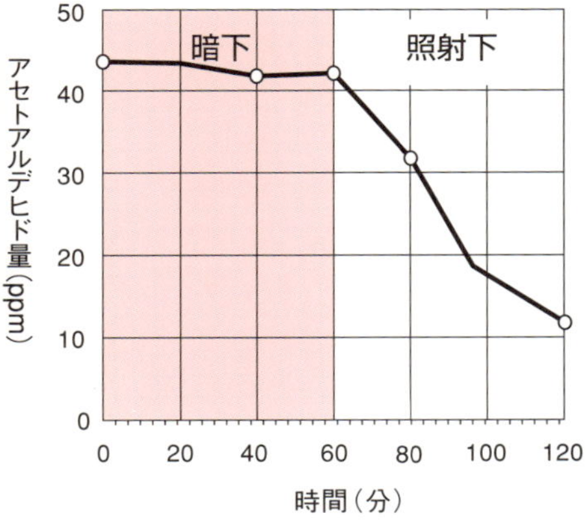

暗下
照射下
アセトアルデヒド量(ppm)
50
40
30
20
10
0
0
20
40
60
80
100
120
時間(分)

光源:ブラックライト10W(0.68W/cm^2)

57 微生物を抑制する

菌やかびの発生を抑制する

安全、清潔、健康志向の高まりから抗菌、防かび塗料が注目されています。

防腐剤、防かび剤、除菌・殺菌剤、防藻剤を総称してバイオサイドと呼んでいます。これらの薬剤は生物を殺したり、発育を阻止するもので、微生物汚染を防ぐ効果がある薬剤です。56節で述べました光触媒も有効ですが、塗料にバイオサイドを加えることで抗菌、防かび、防腐、防藻塗料をつくることができます。

1987年に抗菌靴下がヒットして以来、繊維、台所用品、家電、家具、文具にいたるまで抗菌製品が作られています。抗菌塗料もO-157の社会問題化などがあり、多くの用途に用いられています。ただし殺菌が瞬時に菌を殺すことを目的にしているのに対し、抗菌はごく弱い除菌性能を長時間維持して菌の生育を阻止するものです。抗菌塗料の効果は、試験用試料上にO-157やMRSA(メチシリン耐性黄色ブドウ球菌)などの菌を接種し、35℃で24時間培養した後の生菌数で評価します(JIS Z2801)。

抗菌塗料に用いられる薬剤は、人体に対する影響や塗料化した場合の他の性能に与える影響を配慮して選ぶ必要があります。一般に多くの有機薬剤は効き目が大きいものの長期にわたる持続性、人体への影響に難があるため、現在は無機系の抗菌剤、中でも銀系の抗菌剤が多く用いられています。銀の抗菌メカニズムはあまり明らかではありませんが、銀の触媒作用で表面近傍の酸素が活性酸素に変化することなどによる、と考えられています。

かびは風呂場や台所と言った水分のたまりやすい場所に発生する糸状菌で、細胞の集合体です。防かび塗料に用いる薬剤はその持続性、塗料中での変色などを考慮してチアゾール系、イミダゾール系、ピリジン系などの有機薬剤が選択されています。防かび性能は同様に試料上にかびの胞子を撒き、その生育を調べる方法をとります(JIS Z2911)。

要点BOX
- 微生物の生育を阻止するバイオサイド
- 使用には人体への影響を配慮する必要あり
- 抗菌剤は銀系が拡大

バイオサイド とは

防腐剤
細菌類の増殖による腐敗を抑える薬剤

防かび剤
浴室、水まわり部などのかび発生を抑える薬剤

バイオサイド

除菌剤
家庭、医療現場などの菌発生を抑える薬剤

防藻剤
建物北面などに発生する藻類を抑える薬剤

抗菌塗料、防かび塗料用バイオサイド

抗菌塗料 ─┬─ 有機系:イミダゾール系、ピリジン系、ニトリル系
　　　　　└─ 無機系:銀、銅、亜鉛系

防かび塗料 ── 有機系:チアゾール系、イミダゾール系、ピリジン系

抗菌性テスト（JIS Z 2801）

検体サンプル

培養によって発生した生菌数を求める

58 フジツボやアオノリから船を守る

汚損生物の付着を防ぐ船底防汚塗料

日露戦争の日本海海戦で東郷平八郎率いる日本海軍がロシアのバルチック艦隊を破ったことは良く知られていますが、長い航海でロシアの軍艦に汚損生物が付着し船速が落ちたこともバルチック艦隊の敗因の一つとされています。

海水に浸漬している物体には短時間で海洋バクテリアや珪藻などが付着しスライム層とよばれる薄い膜状付着層ができ、そこに大型生物が付着します。船では主としてアオノリなどの海藻類やフジツボ類が問題になり、水産養殖用の漁網では主としてムラサキイガイ、フジツボ、ヒドロ虫が問題になります。こうした大型付着生物、人間が汚損生物と呼んでいる生物が付着すると、船では船速が低下しエネルギー消費を増大し、養殖用漁網では付着生物の重みや海流の抵抗で網がつぶされてしまうことがあります。

船底塗料では汚損生物の付着を防ぐために、船の進行に伴って表面から徐々に樹脂が加水分解（水によって化学的に分解）する自己研磨型塗料として有機錫ポリマー塗料が開発されました。この塗料は高い防汚性を持っていましたが、錫の巻き貝への生殖機能異常やイルカ、鯨への蓄積性が認められたことから、日本では世界に先駆け1997年から使用を全廃しました。その後、これに代わる塗料として銅アクリルポリマー、珪素ポリマー、亜鉛ポリマーなどが開発され、防汚薬剤を混合して、実用化されています。これらの塗料は船の進行に伴って表面から自己研磨することで汚損物質の付着を防ぎ、2年程度の船の運行を可能にしています。

また、近年、常温硬化型のシリコーン樹脂／液状オイルを組合せた生物そのものが付着しにくい塗料も船底塗料用に開発されています。

一方、漁網防汚剤は、樹脂溶液に付着生物が死んだり忌避する薬剤を溶解・分散したもので、この溶液に網を浸漬して塗装し、乾燥して用いるものです。

要点BOX
- ●船底防汚塗料は船の運航上きわめて重要
- ●表面からの自己研磨機構で防汚性を発揮
- ●有機錫に変わる新しい樹脂が実用化

大型付着生物の例

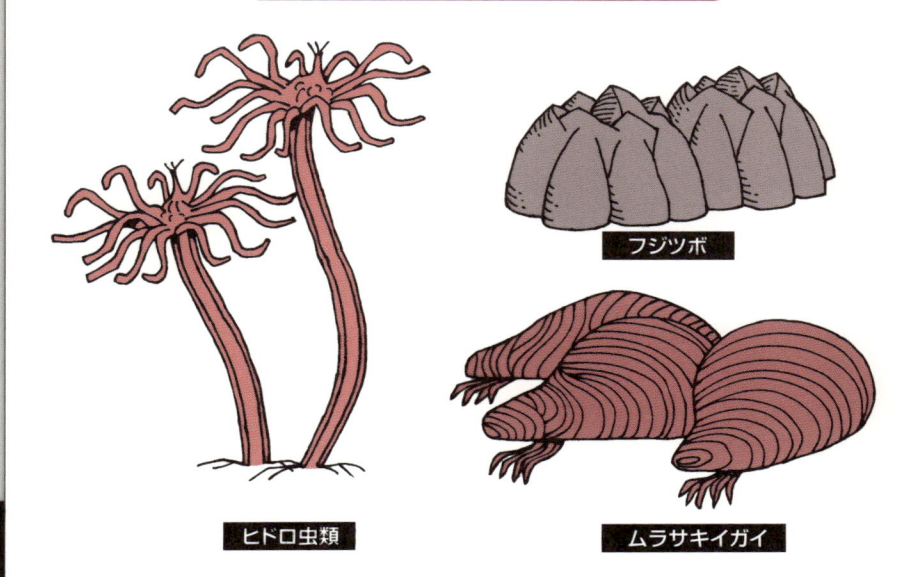

ヒドロ虫類

フジツボ

ムラサキイガイ

有機スズポリマーから新しいポリマーへ

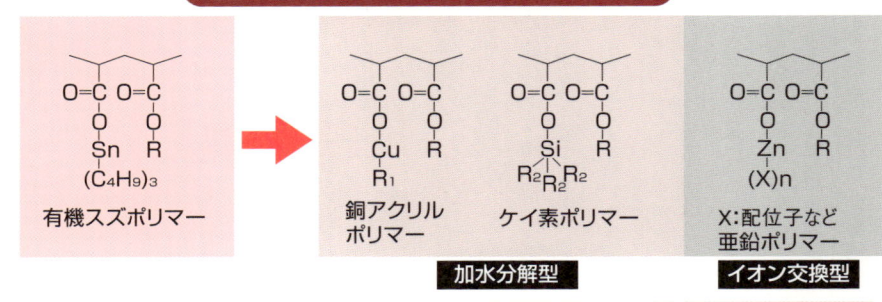

有機スズポリマー

→

銅アクリルポリマー　ケイ素ポリマー
加水分解型

亜鉛ポリマー　X：配位子など
イオン交換型

加水分解型ポリマーは時間と共に一定量溶出するよう設計され生物の付着を防止する

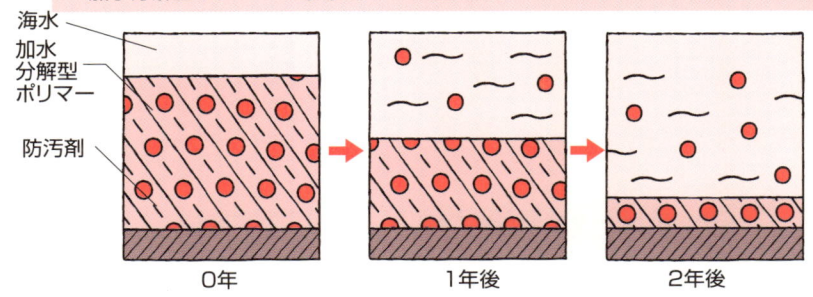

海水
加水分解型ポリマー
防汚剤

0年　　1年後　　2年後

● 第6章　機能で広がる塗料の用途

59 見る角度によって色が変わる

新しいエフェクト顔料を含む塗料

人はいつも美しい色を再現しようとしてきました。カラーデザインが重視される自動車塗装をはじめ、色彩は商品性を高める最も重要な要素の一つになっています。それでは美しい色とはどのような色でしょうか。それは人間にとって端的に言えば空や海の青、新緑の緑、孔雀、玉虫、モルフォ蝶あるいは宝石の色といった自然の色であると思われます。

このような深く透明感のある、輝くような色は通常の顔料を用いただけの塗料では得ることができません。自動車のメタリック塗料ではフレーク状のアルミニウム顔料、パールマイカ顔料が用いられてきましたが、近年、エフェクト顔料と呼ばれる新しい色彩を表現するさまざまなフレーク顔料が開発され、塗料に応用され注目を浴びています。例えば、

① マイカ（白雲母）に酸化チタンをコーティングしたものがパールマイカ。酸化チタン層の厚みを変え光干渉による各種の色表現ができます。

② マイカのコーティング剤を酸化鉄、酸化ケイ素、酸化コバルトなどに替え、オレンジやグリーンなどの色彩を表現できる顔料。

③ マイカの替りに板状酸化ケイ素、アルミナ、ガラスフレーク等を用い、より高彩度、高輝度を表現できる顔料。

④ 5層構造のフレーク顔料の多重反射で、見る角度で色の変わる顔料。

⑤ 屈折率の異なる2層の樹脂フィルムを薄膜積層したモルフォ蝶を倣った顔料。

⑥ 液晶ポリマーを用いた玉虫や黄金虫の発色と同じ原理の顔料。

などがあります。①～③は見る角度で色の濃度が変わると言った方が良いでしょうが、④～⑥は見る角度によって色そのものが変化します。そこで例えば、同じ塗料を塗った一台の車が部位によって金、赤、青、紫に輝いて見えるという色彩表現が可能になります。

要点BOX
- 美しい色の見本は自然にある
- 多重反射構造で透明感、深みのある色表現
- 見る角度で色の変わる顔料が注目

さまざまなエフェクト顔料

マイカ、シリカ、ガラスフレークベース型

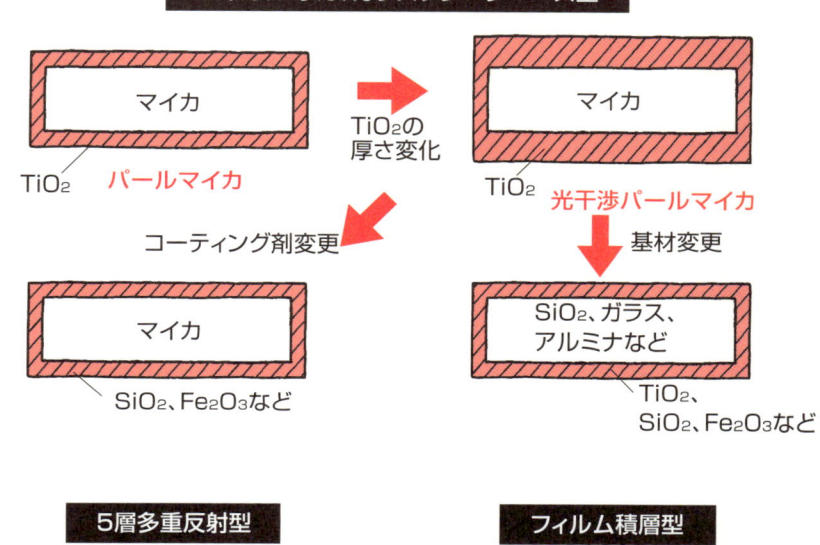

パールマイカ (TiO$_2$コーティングのマイカ)
→ TiO$_2$の厚さ変化 → **光干渉パールマイカ** (TiO$_2$コーティングのマイカ)

コーティング剤変更 ↓
マイカに SiO$_2$、Fe$_2$O$_3$などをコーティング

基材変更 ↓
SiO$_2$、ガラス、アルミナなどに TiO$_2$、SiO$_2$、Fe$_2$O$_3$などをコーティング

5層多重反射型

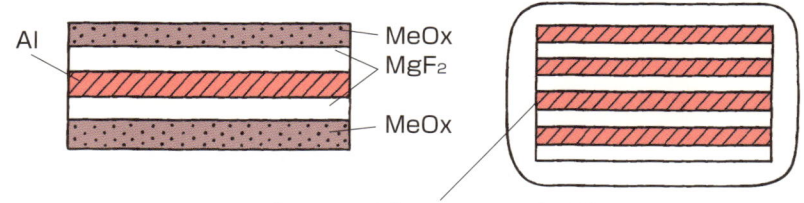

Al / MeOx / MgF$_2$ / MeOx

フィルム積層型

ナイロン／ポリエステルの多重積層

マイカ型などの光干渉

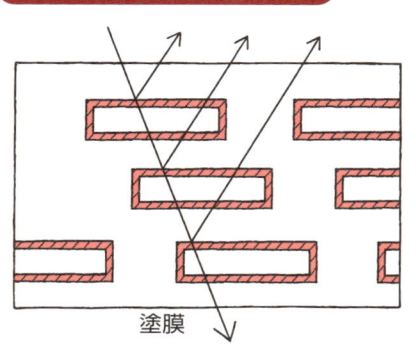

塗膜

5層構造型の多重光干渉

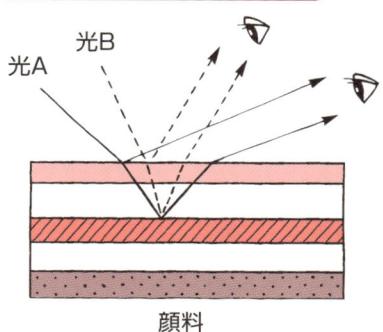

光A、光B
顔料

● 第6章　機能で広がる塗料の用途

60 光で回路をつくる

ICに欠かせない微細加工用フォトレジスト

IC（集積回路）は現在の産業、社会に欠かせない基盤技術になっています。ICの回路パターン形成やプリント基板の回路形成に無くてはならない材料がフォトレジストです。このフォトレジストは紫外線に感光することで回路パターンを形成する微細加工用コーティング剤です。

フォトレジストには光が当たるとゲル化して（固まって）現像液に不溶になるネガ型と、光が当たった部分が可溶化するポジ型があり、現在は分解能の良好な後者が多く使われていますので、ポジ型を例に工程を見てみましょう。シリコン酸化膜や窒化膜を形成したシリコンウエハーに、フォトレジストをスピンコートと言う方法で塗ります。スピンコートは円盤を回転させることで中心部に置かれた塗料を遠心力で塗り拡げる方法です。その後、回路パターンを印刷したガラスのマスクを通して紫外線を照射します。すると感光部はアルカリ溶液（これを現像液と言いま

す）に溶解し、取り除かれます。その後、エッチング（ガスによる食刻）をすると塗膜のない部分が削られます。最後に酸素、プラズマなどで塗膜を灰化すると目的の回路が得られます。フォトレジスト膜は残る訳ではありません。こうした工程を繰り返すことで複雑なIC回路が形成されることになります。

照射する光の波長が短いほど解像度が上がることから、超微細加工のために短波長の光の利用とそれに対応するフォトレジスト用樹脂と感光剤の開発がなされています。以前は水銀灯のg線436nm（ナノメーター）の光とノボラック樹脂が多く用いられましたが、ついでi線365nmの光になり、さらに248nmのKrF（フッ化クリプトン）エキシマレーザーとヒドロキシスチレン樹脂／酸発生剤の組み合わせが用いられています。

プリント配線にとってもフォトレジストは無くてはならない材料です。

要点BOX
- ICに用いられるフォトレジスト
- ネガ型、ポジ型ではポジ型が多用
- 低波長光の方が解像度があがる

スピンコーターの断面模型

（図：ノズル、カップ、ウェーハ、レジスト、スピンチャック、モーター）

ポジ型レジストの工程

UV照射 → 光透過
- フォマスク
- フォトレジスト
- 加工すべき膜
- 基板

↓
露光部分

↓
現像部分

↓
エッチング部分

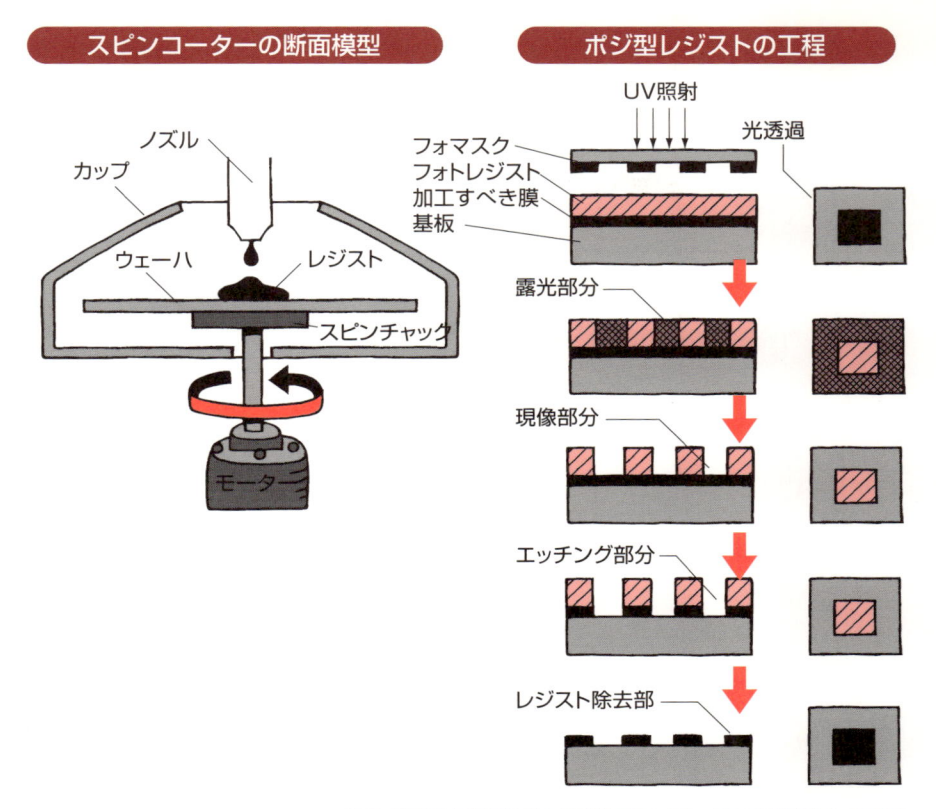

↓
レジスト除去部

出典：前田和夫「はじめての半導体プロセス」,p126,工業調査会,(2000)

代表的なフォトレジスト（ポジ型）

	g線、i線用	KrF・ArFエキシマ・レーザー用
名　称	ノボラック型	化学増幅型
感光剤	PAC（光活性化合物）	PAG（光酸発生剤）
樹　脂	ノボラック系	PHS系 （ポリ・ヒドロキシ・スチレン）
溶　媒	EL （エチレン・ラクテート） PGMEA	PGMEA （プロピレン・グリコール・モノエチルエーテル・アセテート）
粘　度	〜25cp 一部80cp	7〜8cp 一部20cp

出典：菊池正典「半導体のすべて」,p139,日本実業出版社,(2006)

Column

地球とサッカーボール

ビッグバンを提唱した物理学者ジョージ・ガモフの本の中に、古代ギリシャ時代には数の最大の単位が万しかなかったため、アルキメデスが1億（1万万）、億億、億億億という具合に大数の単位をつくったことが述べられています。

日本でも寛永十一年の塵劫（じんごう）記と言う数学の問題を扱った書物に単位が出ており、大数は十、百、千から始まって無量大数（10の68乗）まで多くの単位が記載されています。一方、少数は分、厘から始まって清浄（10のマイナス22乗）までが記載されています。人間のもつ知的好奇心に感心するばかりです。

ところで塵劫記による単位では「塵」になりますが、10のマイナス9乗、すなわち10億分の1がナノということで注目をあびています。ナノの小ささを比喩で示しますと地球に対してサッカーボールの大きさだそうです。またインフルエンザウイルスが約100ナノメーターの大きさ、メタン（CH_4）分子の直径は0・4ナノメーターです。

アメリカでは2000年にクリントン大統領が国家の戦略的研究分野としてナノテクノロジーを取り上げています。超微細化工による記憶素子、マイクロマシン、カーボンナノチューブなどのナノ素材や微粒子には多くの可能性が秘められています。

塗料の分野でもナノテクノロジーに関わる研究開発が注目されています。例えば、粒径が10～100ナノメーターと通常のエマルション樹脂より一桁小さな粒子は機能材料やレオロジー調整剤に用いられています。また、金などのナノコロイドは色材としての応用も可能です。こうした機能性材料を得るための技術開発は今後ますます増加すると考えられます。

第7章
安全・環境問題とこれからの塗料

●第7章　安全・環境問題とこれからの塗料

61 塗料を安全に使うために

火気と人体への影響に注意

塗料を安全に使うために注意しなければいけないことがいくつかあります。

先ず第一は火気に対する注意です。水性塗料や粉体塗料以外の溶剤型塗料あるいはシンナーは消防法、危険物政令に基づく危険物で、通常、第4類「引火性液体」に該当します。この第4類はさらに引火点によって7分類され、貯蔵量等がおのおの制限されています。実際の塗料の取り扱いでは、先ず、タバコや火気を近づけないこと、容器、塗装機、被塗物のアースを取ること、通電靴を着用すること、床に水を撒くなどして静電気を逃がしやすくすることが大切です。また、焼付け炉内の溶剤蒸気濃度が高くならないよう十分排気すること、作業場所の電気設備を防爆仕様にすることも重要です。

人体への影響という点では、塗料の体への付着、有機溶剤蒸気の吸入などの問題があります。特に目に入ると問題ですので保護眼鏡の着用を励行しましょう。塗料が付着した場合は多量の水などで洗浄する応急手当が必要です。揮発した有機溶剤が室内にこもることの無いよう十分換気し、有機溶剤蒸気の吸入による問題が発生した場合、その場から通風の良い場所に移動させ、直ちに医師の手当てを受けるようにしましょう。ごく稀ですが揮発物によってアレルギーを生じる場合はその現場から離れることが最良の対応法です。

塗料、塗装の取扱いや安全に関わる法律には消防法、危険物政令、労働安全衛生法、作業環境測定法などの法規があります。さらに日本では2006年より化学品に対しGHS（化学品の分類および表示に関する世界調和システム）が施行され、塗料ラベルも危険性、有害性について統一の絵表示がなされるようになりました。MSDS（材料安全性データシート）とともに内容物の情報を良く確認することが作業安全上大切です。

要点BOX
●先ずは火気に注意する
●塗料の付着、溶剤蒸気の吸入に注意
●GHSラベル、MSDSから情報を得る

新たに制定されたGHSラベルの絵表示

可燃性／引火性ガス、引火性エアゾール
引火性液体、可燃性固体
自己反応性化学品、自然発火性液体、
自然発火性固体、自己発熱性化学品、
水反応可燃性化学品、有機過酸化物

火薬類、自己反応性化学品、
有機過酸化物

高圧ガス

急性毒性（高毒性）

呼吸器感作性、生殖細胞変異原性、
発ガン性、生殖毒性、
特定標的臓器／前進毒性（単回暴露）
特定標的臓器／全進毒性（反復暴露）
吸引性呼吸器有害性

急性毒性（低毒性）、皮膚刺激性
眼刺激性、皮膚感作性
気道刺激性、麻酔作用性

水生環境有害性

金属腐食性物質、皮膚腐食性、
眼に対する重篤な損傷性

支燃性／酸化性ガス
酸化性液体、酸化性固体

出典：環境省パンフレット「GHS」

●第7章　安全・環境問題とこれからの塗料

62 塗料と環境問題

大気汚染や土壌・水質汚染への取り組み

20世紀後半に入って環境問題は人類の最大課題の一つです。「持続可能な開発」、すなわち環境と開発の共存と言う概念のもと世界は進んでいますが、温暖化の問題を始め困難な課題が多く見られます。

大気汚染を塗料・塗装という観点から見ますと、何と言ってもVOCの削減が最重要課題です。欧米各国にはすでに規制がありますが、日本においても2006年4月から改正大気汚染防止法が施行され、大規模固定発生源（工場）の排出ガス濃度規制と非規制業者への自主的取組みが義務化されています。中でも塗料分野はVOC排出量が大きく厳しい対応が求められています。オゾン層破壊の点では、プラスチックの塗装前処理に用いられていたトリクロロエタンが使用中止されています。また、地球温暖化の主物質とされる炭酸ガス削減では、日本は京都議定書で温暖化ガス排出量を08年から12年までの五年間で1990年度比6％削減（先進国全体で5・2％）の方針

に沿った努力がなされています。塗装工場では塗装工程のエネルギー消費を減らすのがその主たる方法です。

土壌や水質汚染の問題も重要です。日本では「廃棄物の処理および清掃に関する法律（廃掃法）」、「土壌汚染対策法」、「水質汚濁防止法」などの法律があります。塗料に関して言えば、使用された顔料等に由来する重金属の問題がポイントになります。日本では自動車塗料に重金属に端を発し、グリーン調達という観点で塗料に重金属を用いないことが進んでいます。欧州では06年からRoHSと呼ばれる電子・電気機器に含まれる特定有害物質の使用禁止、また、07年からELVと呼ばれる新規販売車両への重金属の使用禁止の法律が施行され、塗装中に鉛、水銀、カドミウム、6価クロムが含まれないことが求められています。国内法のみでなくこうした輸出製品に対する対応も重要になっています。

要点BOX
- ●大気汚染ではVOC削減が最重要課題
- ●省エネルギーによる温暖化対応も重要
- ●土壌、水質汚染では重金属の除去が重要

塗料と環境問題

分野	項目	関連法規制など	対応する塗料技術
大気	大気汚染	（日）改正大気汚染防止法 （米）CAAA 　　　（VOC, HAPs 規制） （欧）EU 統合規制 （独）TA-Luft （英）PG-6/20	ハイソリッド塗料 無溶剤型塗料 水性塗料 粉体塗料
	オゾン層破壊	（世）モントリオール議定書	TCEフリー前処理対応塗料
	温暖化防止	（世）気候変動枠組条約 　　　京都議定書 （日）地球温暖化防止 　　　行動計画	省エネ型塗料 （低温・短時間硬化、工程短縮型塗料）
土壌	土壌汚染・廃棄物	（世）バーゼル条約 （日）廃掃法、土壌汚染対策法 （米）LERA （欧）RoHS, ELV 指令	有害物フリー塗料 （重金属フリー塗料、Snフリー船底塗料など）
水質	水質汚染・海洋汚染	（日）水質汚濁防止法	

注）CAAA:Clean Air Act Amendment, TA-Luft:Technische Anleitung zur Reinhaltung der Luft, PG-6/20:Paint Application in Vehicle Manufacturing, LERA:Local Emergency Response Authority, RoHS:Restriction of the use of Certain Hazardous Substances in electrical and electric equipment, ELV:End-of-Life Vechicles, TCE:Trichloroethane

出典：小松澤俊樹「塗料の研究」No138,p42,2002年（関西ペイント）を一部修正

改正大気汚染防止法（2006年4月1日施行）の概要

- 概要：大規模施設への法規制と業界の自主的取り組みによる VOC 削減
- 目標：2010年度／2000年度比で VOC を30％削減
- VOC 排出対象施設：塗装など大規模施設の排出濃度規制
- 自主的取り組み：業界での自主的対応

● 第7章 安全・環境問題とこれからの塗料

63 VOCを減らすには

多面的、総合的に行うVOC削減

大気環境の保全は今や世界的な問題です。日本では2000年度に比べ2010年度に全VOC排出量を30％削減する目標を立てています。

揮発性有機化合物（VOC）排出インベントリ（調査記録）検討会（環境省）によれば、日本の00年度の全VOC量は160万トン、その内塗料は54万トン（33.8％）、05年度はそれぞれ130万トン、39万トン（30％）になっており、他分野に比べ塗料からの排出量が極めて大きいことがわかります。国立環境研究所の資料では、1998～2000年度の塗料からの排出比率は37％であり、その中で建物が9％、電気・金属が6％、自動車新車が5％などとなっています。

VOCを削減するためには次のことを総合的に考える必要があります。

① 低VOC塗料への切替え：固形分濃度が高いハイソリッド塗料、あるいは無溶剤塗料、水性塗料、粉体塗料の使用の推進です。日本塗料工業会では使用用途に応じた適応可能なVOC排出抑制塗料とその課題を示していますが、品質上の課題を良く理解することが必要です。

② 塗装方法の見直し：スプレー塗装では使った塗料の内の何％が被塗物に塗着したかという塗着効率（TE）が重要です。例えば通常のエアスプレーではTE＝30％程度なのに対し、静電塗装やエアレス塗装では50～60％に向上します。均一膜厚になるよう塗装すること、色替えの際の洗浄用シンナーの量を減らす工夫も大切です。

③ VOCガスの後処理：インシネレーターと呼ばれる焼却設備や活性炭による吸着により外部にVOCを排出しない方法です。

どの方法を組合わせるかは製品の品質、および材料、工程のコストを見た総合的な判断が重要です。

要点BOX
- 05年度、日本の塗料からのVOCは39万トン
- 削減には塗料、塗装法、設備面から総合的な判断が重要

各分野の塗料のVOC排出量比率（％）、1998～2000年, 計37％

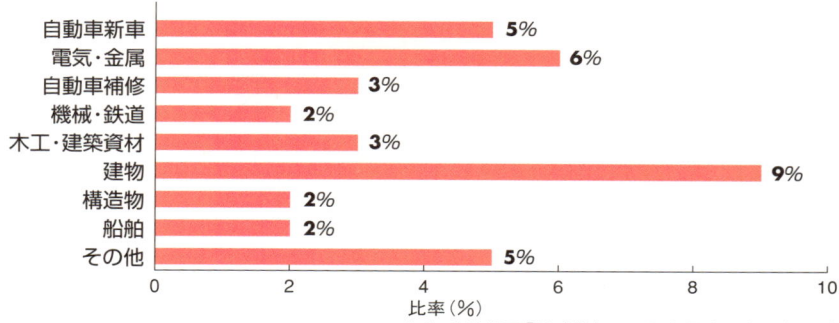

- 自動車新車: 5%
- 電気・金属: 6%
- 自動車補修: 3%
- 機械・鉄道: 2%
- 木工・建築資材: 3%
- 建物: 9%
- 構造物: 2%
- 船舶: 2%
- その他: 5%

比率（％）

出典：若松伸司「地球儀」No5, 国立環境研究所（2002）

適用可能なVOC排出抑制塗料

塗料タイプ		用途（実施・試行例）	課題
水性塗料	VOC含有量削減	建築内外装、電着塗料、家庭用、窯業建材	乾燥性、作業性低下、低温造膜性、塗膜強度
	溶剤系からの変換	自動車中・上塗り、自補修、車両、木工、構造物、路面表示	乾燥性、作業性低下、塗膜強度、光沢、鮮映性、コストアップ
無溶剤塗料		床、船舶、構造物	作業性、塗料ロス、コストアップ、多液化
ハイソリッド型塗料		船舶、構造物、機械、建材、金属	作業性低下、コストアップ、多液化
粉体塗料		電気機械、金属、機械	設備自由度限定、素材の選択性、コストアップ

出典：日本塗料工業会「揮発性有機化合物（VOC）の排出抑制ガイドライン」2004年

塗着効率（TE）の向上

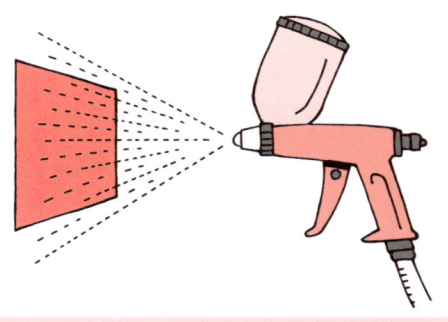

スプレーでは被塗物に塗着する塗料と無駄になる塗料がある

塗着効率（％）＝（被塗物に塗着した塗料／使用した塗料）×100

● 第7章 安全・環境問題とこれからの塗料

64 ハイソリッド・無溶剤型塗料を使う

より固形分の割合を高めVOCを削減する

今まで使っていた塗料の（塗装時の）固形分が40％だったものを80％に変えると、揮発する溶剤量は当然60％から20％に減少します。一般には固形分が70％以上の塗料をハイソリッド（高固形分）塗料と考えて良いと思いますが、業界によってハイソリッドと呼ばれる塗料の固形分は一律ではありません。

ハイソリッド塗料を得るための最も基本的な方法は、樹脂の分子量を下げ、系の粘度をさげて固形分が高くても同じような粘度で塗装できるようにすることです。しかし、樹脂分子量を低下すると、硬化塗膜の硬さなどの諸物性が低下し、また耐候性（屋外で使用した時の耐久性）も著しく低下します。これを防ぐためには塗膜が硬化する際の反応点を多くし、十分に分子同士を結合させる必要があります。また、ハイソリッド塗料では塗装する際にたれやぬれ不良などの塗装欠陥を生じやすく、表面張力や構造粘性（粒子が繋がることによって生じる攪拌速度によって変化す

る粘性）の調整が必要になります。

29節で述べたように、日本では自動車塗装の最上層のクリヤ塗料にハイソリッド塗料が有力視されています。海外の実用例としてはダイムラー・クライスラー社ニューワーク工場の65％固形分塗料の採用がありますが、さらなる固形分向上を目指しています。ハイソリッド塗料では基本的に現有の塗装設備が使用できるメリットがあります。

無溶剤型塗料は溶剤量をゼロにした塗料です。例えば、反応性希釈剤であるスチレンモノマー、アクリルモノマーで溶解した不飽和ポリエステル樹脂塗料、アクリルモノマーで希釈した紫外線硬化塗料などがあげられます。ハイソリッド・無溶剤型塗料は共に各種工業用塗料、船舶、重防食塗料などの分野で開発が続けられていますが、塗装作業性、塗膜外観性などの改良も大きなポイントになっています。

要点BOX
- ●固形分の高い塗料がハイソリッド塗料
- ●性能低下には十分硬化させることで対処
- ●反応性希釈剤を用いる無溶剤型塗料

ハイブリッド塗料の固形分は？

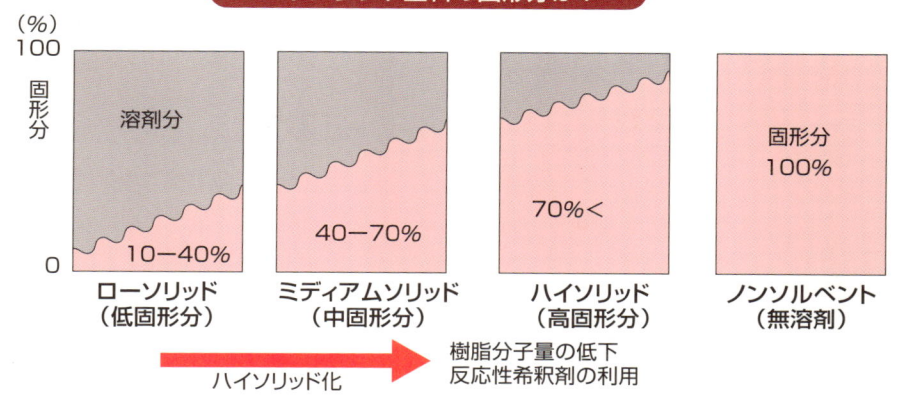

ローソリッド（低固形分）	ミディアムソリッド（中固形分）	ハイソリッド（高固形分）	ノンソルベント（無溶剤）
溶剤分／固形分 10-40%	40-70%	70%<	固形分100%

(縦軸：固形分 0〜100%)

→ ハイソリッド化
樹脂分子量の低下
反応性希釈剤の利用

樹脂分子量と塗料・塗膜の性能の関係

樹脂分子量を下げると固形分は上昇するが塗膜性能は低下する

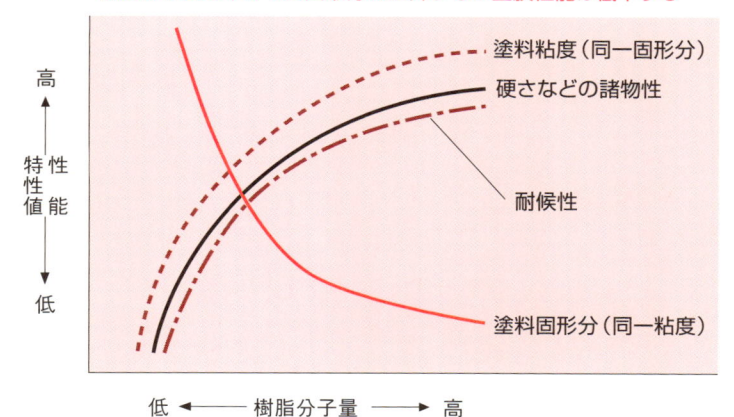

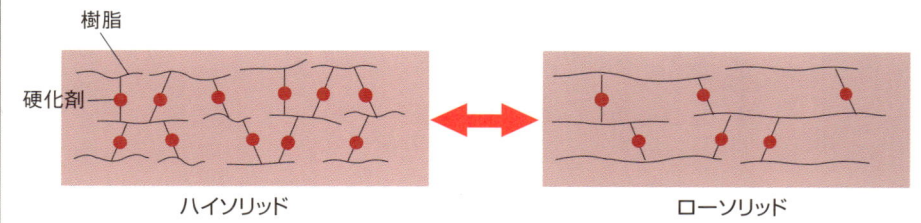

（グラフ）
- 塗料粘度（同一固形分）
- 硬さなどの諸物性
- 耐候性
- 塗料固形分（同一粘度）

縦軸：特性値／性能（低⇔高）
横軸：樹脂分子量（低⇔高）

ハイソリッド
低分子量樹脂を高い密度で架橋（硬化）

⇔

ローソリッド
高分子量樹脂をゆるやかに架橋（硬化）

（樹脂・硬化剤の模式図）

65 水性塗料を使う

溶剤を水に替えてVOCを削減する

塗料の溶剤を水に置換えるというのは一つの理想的な環境対応型塗料のあり方です。

水は極めて特徴的な物質で、分子量が18しか無いにもかかわらず液体であり（窒素分子は28で気体）、沸点が100℃もあります。また沸点が111℃であるトルエンと比べてもその蒸発速度は約5分の1という低さです。これはいずれも水素結合力という水分子同士を互いに引き合っている力に基因しますが、この特性が水性塗料の特性を支配します。

さて、水を溶剤替りに用いようとしますと、まず水は樹脂を溶かすことができないと言う問題にぶつかります。そこで樹脂の一部に水に親和性のある構造を取り入れて、樹脂を溶解するか、あるいは水中に分散することになります。その形態によって水性樹脂は水溶性型、コロイダルディスパージョン型、エマルションョン型に別れますが、あまり親和性を強くし、溶解性をあげると塗膜の耐水性が低下しますので、通常は後2者を塗料用樹脂として用います。

第2の課題は、水の蒸発の遅さです。自動車用水性メタリックベースコートではスプレー塗装時に水が蒸発することによる粘度上昇が期待できないため、スプレー時には低粘度、塗着時には高粘度になるよう塗料の設計がなされ、たれやアルミニウム顔料のムラを防いでいます。また次工程のクリヤ塗装前に赤外線や熱風を用いて水を蒸発させています。水の蒸発は空気中の湿度に影響されるのも大きな特徴です。また水性塗料は表面張力が大きいため、はじきやわきを生じやすいことも課題です。

多くの水性塗料では、塗装作業性や成膜性向上のため塗料中に少量の有機溶剤を併用することが一般的です。水性塗料は建築用エマルション塗料だけでなく、工業用焼付塗料、汎用塗料の開発も進み、例えば東京タワーも一部水性塗料で塗装されています。

要点BOX
- 水は分子量18、沸点100℃の特殊な液体
- 水に樹脂を分散して用いる
- 蒸発速度の遅さに対する対策必要

水とトルエンの比較

項目	水	トルエン	備考
沸点（℃）	100	111	
相対蒸発速度	0.38	2.0	水は蒸発しにくい（酢酸ブチル1.0）
表面張力（dyn/cm）	73	29	水はハジキを起こしやすい
樹脂の溶解力	なし	あり	

水性塗料用樹脂の形態と特性

	水溶性型	コロイダルディスパージョン型	エマルション型
形態			
外観	透明	半透明～白濁	乳白色
粒径	―	0.1～0.01μm	0.1μm<
分子量	小	中	大
粘度	高い（分子量に依存）	中位	低い（分子量に依存しない）
塗膜の耐水性	劣る	良好	良好

マイクログル型水性ベースコートの構造と粘度特性

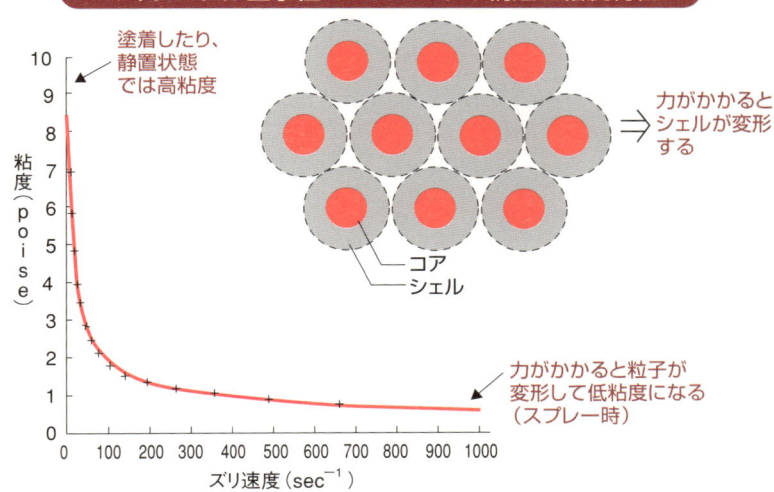

塗着したり、静置状態では高粘度

力がかかるとシェルが変形する

コア
シェル

力がかかると粒子が変形して低粘度になる（スプレー時）

粘度（poise） vs ズリ速度（sec^{-1}）

●第7章　安全・環境問題とこれからの塗料

66 粉体塗料を使う

VOC削減には理想的な塗料

VOCの観点から理想的なもう一つの塗料が粉体塗料です。これは14節に述べましたように固体樹脂に顔料や添加剤を分散・混合した塗料で、硬化剤に用いるブロック剤（硬化剤を安定化する物質）や低分子成分が焼付け時に揮発すると言ったことを除くと、基本的にVOCゼロの塗料です。

熱硬化性粉体塗料にはエポキシ樹脂系、エポキシ/ポリエステル樹脂系、ポリエステル樹脂系、アクリル樹脂系粉体塗料があります。前2者は一般金属用途に、後2者は屋外使用の金属製品に用いられます。樹脂、硬化剤の選択には塗膜の性能のみでなく、粒子の凝集（軟化点）への配慮が必要です。近年、塗装後、110℃程度で溶融した後、紫外線硬化させる粉体塗料が開発され、木材用途にも展開されています。

粉体塗料は長い実績にも拘わらず販売量が少ないと言うのが実情でしょう。それは使う側の立場からすると、粉体塗料には専用の塗装ブース、塗装ガンなどの設備が必要であること、色替えが面倒であること、塗膜外観性（ゆず肌）が劣ることなどの理由があげられます。また、供給側からは製造に手間がかかり、色合わせが容易でなく、少量多品種生産に向かないこと、メタリック塗料が造りにくいことなどの理由があげられます。

しかしながら、粉体塗料は一回塗りで、厚膜塗装も可能で、強靭な膜を形成することができる優れた材料であることも事実です。こうした特性から家電、自動車部品、金属製品の多くの分野で活用されています。家電製品では平板に粉体塗料を塗装し、その後、成型加工するプレコート粉体塗装もなされています。自動車塗装では中塗りや部品の他、クリヤ塗装にも実用例があります。粉体塗料にはこの他に、ポリエチレン、フッ素樹脂、ポリアミドなどを用いた熱可塑性粉体塗料もあります。VOC削減の観点から、今後の粉体塗料の需要が期待されています。

要点BOX
- 粉体塗料はVOC上は理想的
- 塗膜外観性などの固有の課題あり
- 今後の需要増に期待

熱硬化性粉体塗料の種類と特徴

粉体塗料分類	主剤	硬化剤	長所	短所
エポキシ	エポキシ樹脂	アミン	耐薬品性、防食性、付着性	耐候性
		カルボン酸		
		アミン触媒（ジシアンジアミド等）		
ポリエステル	OH基含有ポリエステル樹脂	ブロックドイソシアネート	塗膜外観性、加工性、耐候性	ブロック剤の解離
	COOH基含有ポリエステル樹脂	トリグリシジルイソシアヌレート（TGIC）		変異原性 吸湿性
		β-ヒドロキシアルキルアミド		吸湿性
アクリル	エポキシ基含有アクリル樹脂	2塩基酸	耐候性、硬度、透明度、汚染性	コスト
エポキシ／ポリエステル（ハイブリッド）	エポキシ樹脂／COOH含基有ポリエステル樹脂		低温硬化、コスト	耐候性

粉体塗料の長所と短所のバランスを考えて

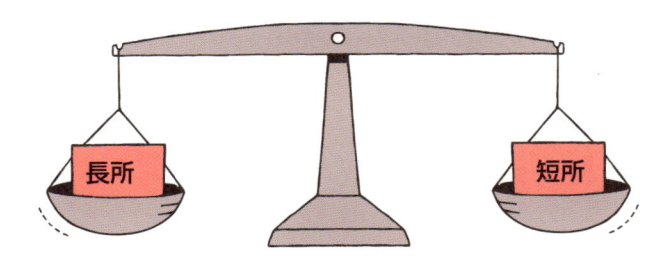

長所
- VOCがほぼ0％
- 非危険物
- 1回塗り可能
- 厚膜塗装可能
- 回収粉の利用可能
- 強靭な塗膜

短所
- 塗膜外観性（ゆず肌）
- 専用塗装設備必要
- 色替えが面倒
- 小量多品種生産に不向き
- 調色が難しい

67 これからの塗料技術

環境対応と高機能化が開発課題

これからの塗料技術を考える上でのキーワードは、環境対応と高機能化であると思われます。7章において環境問題に関わる課題と対応を述べてきました。また、6章において機能性塗料の一端を紹介しました。

ここでもう一度、塗料用樹脂の開発という観点から塗料技術の歴史を振り返ってみましょう。塗料技術のパラダイム（ある時代に共通の枠組み、方法論、物の見方などを言う）がどのようにシフトしたかと考えますと、まず、1950年頃に隆盛となった第一のパラダイム「各種ポリマーの展開」があります。いわゆる合成樹脂の発展と共に合成樹脂塗料が広く開発された時代です。次いで70～80年代に隆盛となった第二のパラダイム「ポリマー技術の高度化」があります。これは樹脂の分子設計や樹脂微粒子設計を含む樹脂設計を高度化させることで高性能を実現してきた時代です。

そして、現在は第三のパラダイム「高機能化と環境負荷低減」に入っていると考えられます。高機能化では樹脂設計の面のみならず、機能性顔料、機能性添加剤（薬剤）等の開発によって塗料の領域を押し広げています。この分野はニッチ（隙間）な分野であるかも知れませんが、機能性塗料は知識集約型、高付加価値型の塗料と言えます。また、環境問題への取組みの大切さは先に述べたとおりです。

さて、塗料は典型的な複合材料ですが、複合材料であるが故に発展してきた固有の技術があります。塗料の要素技術には樹脂設計技術、架橋技術、分散技術、薄膜形成技術、材料評価技術、機能化技術があげられます。こうした技術は周辺分野の材料開発との関連も深く、相互に刺激しあっています。技術もマーケットもグローバル化している現在こそ、こうした技術を生かした独自性のある製品開発が望まれています。

要点BOX
- 現在は高機能化と環境負荷低減の時代
- 機能性塗料は塗料の領域を拡大する
- 塗料には複合材料故の固有技術がある

樹脂開発から見た塗料技術のパラダイムシフト

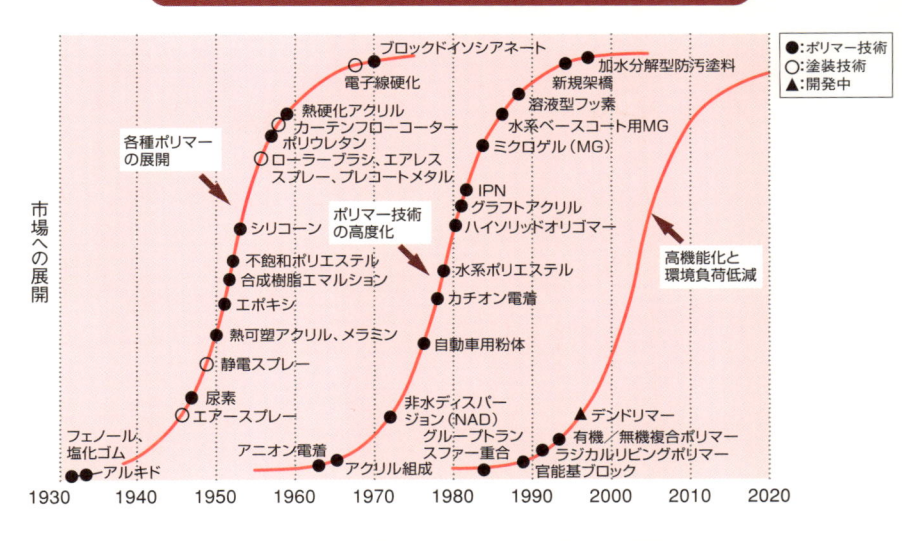

凡例:
- ●：ポリマー技術
- ○：塗装技術
- ▲：開発中

市場への展開（縦軸） / 年代（横軸：1930〜2020）

主な項目（概ね年代順）:
- フェノール、塩化ゴム
- アルキド
- エアースプレー
- 尿素
- 静電スプレー
- 熱可塑アクリル、メラミン
- エポキシ
- 不飽和ポリエステル
- 合成樹脂エマルション
- シリコーン
- ローラーブラシ、エアレススプレー、プレコートメタル
- ポリウレタン
- カーテンフローコーター
- 熱硬化アクリル
- 電子線硬化
- ブロックドイソシアネート
- アニオン電着
- アクリル組成
- 自動車用粉体
- カチオン電着
- 水系ポリエステル
- ハイソリッドオリゴマー
- グラフトアクリル
- IPN
- 非水ディスパージョン（NAD）
- グループトランスファー重合
- 官能基ブロック
- ラジカルリビングポリマー
- 有機／無機複合ポリマー
- デンドリマー
- ミクロゲル（MG）
- 水系ベースコート用MG
- 溶液型フッ素
- 新規架橋
- 加水分解型防汚塗料

注記:
- 各種ポリマーの展開
- ポリマー技術の高度化
- 高機能化と環境負荷低減

塗料技術の広がり

中心：**科学**（高分子化学、応用物理、界面化学）

要素技術（内側の環）:
- 機能化技術
- 材料評価技術
- 薄膜形成技術
- 架橋技術
- 樹脂設計技術
- 分散技術

塗料技術（外側の環）:

- 熱的機能／電気・磁気的機能／光学的機能、化学的機能／生態的機能、機械的機能／表面機能
- 分散系のレオロジー／膜の粘弾性・機械的性質／付着性、表面特性／各種用途に応じた評価技術
- スプレー／フローコート／ロールコート／スピンコート／電着塗装
- ポリイソシアネート、メラミン樹脂などの各種架橋技術、UVC、EBCなどの架橋システム
- アクリル、ポリエステル、エポキシ樹脂などのポリマー設計、グラフト・ブロックポリマー設計、ポリマー微粒子設計
- 顔料分散／混合・混練／相分離技術／粉体化技術／水系化技術／調色

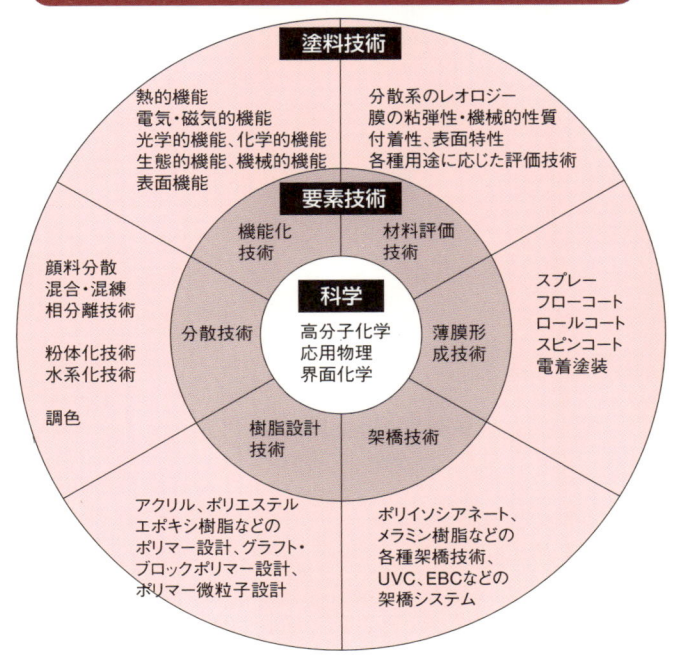

Column

色々な話

「国旗の世界史」という本によると世界193ヶ国の国旗に用いられている最も多い色は赤で150ヶ国、以下、白142ヶ国、青105ヶ国、黄・金90ヶ国、緑80ヶ国、黒58ヶ国と続きます。色は視認性を高めますが、中でも赤は最も目につきやすい色であるとともに太陽、火、情熱、血、革命といったことを連想させる色です。

中国の五行思想は、前漢時代（紀元前1世紀頃）に成立し、すべてのことがらが陰、陽の気によって生じるとする思想です。すなわち基本的な構成要素である木（陽）、火（陽）、土（中間）、金（陰）、水（陰）との関係で説明され、色（五色）との関係では木は青、火は赤、土は黄、金は白、水は黒ということになります。キトラ古墳の壁に描かれている青龍、白虎、朱雀、玄武や相撲の土俵の青、白、赤、黒房はこの五行思想に基づくものです。このように色には歴史や文化に基づく象徴性があります。

これからの塗料産業を考える時、ハード面では「機能」と「環境」がキーワードですが、ソフト面ではより深く色彩調節に関わっていくことが重要と思われます。単に色の着いた塗料を供給するというだけでなく、都市景観を総合的に考えて色彩を提案していく機能の充実です。美しく調和のとれた快適な空間をつくりだすために塗料は大きな力を発揮するでしょう。

視認性の点では色弱の方への対応も必要です。色弱の方は網膜にある波長分布の異なる3つの光センサーの1つが無いか、弱い人で、結果的に赤と緑の区別がしにくいといった方です。すべての人が容易に認識できる標識や表示のための色選択が行われつつあります。

● 五行思想の相関関係

五行	木	火	土	金	水
五方	東	南	中央	西	北
五時	春	夏	土用	秋	冬
五臓	肝	心	脾	肺	腎
五色	青	赤	黄	白	黒

は

- ハードコート ―― 126
- パールマイカ顔料 ―― 136
- バイオサイド ―― 132
- 配合比 ―― 48
- ハイソリッド塗料 ―― 148
- 破壊伸び ―― 110
- はけ（刷毛）―― 50
- はけ（刷毛）塗り ―― 58
- ハジキ ―― 64
- パソコン筐体 ―― 98
- 白化 ―― 64
- バフ研磨 ―― 94
- パラダイムシフト ―― 154
- ピアノ ―― 94
- 光触媒 ―― 130
- 美粧性 ―― 48
- 引張り付着試験方法 ―― 108
- ビヒクル ―― 22
- 表面的機能 ―― 120
- 品種別生産量 ―― 16
- ピンホール ―― 64
- ファン・デル・ワールス力 ―― 108
- フェザーエッジ ―― 75
- フォトレジスト ―― 138
- 復元工事 ―― 90
- フジツボ ―― 88
- 付着 ―― 108
- ふっ素樹脂塗料 ―― 82
- 物理的成膜 ―― 28
- 不飽和ポリエステル樹脂パテ ―― 76
- プラサフ ―― 74
- プラスチック ―― 98
- ブラスト ―― 76
- ブラッシング ―― 64
- フレーク顔料 ―― 30,136
- プレコートメタル ―― 44
- 粉体スラリー ―― 72
- 粉体塗料 ―― 24,38,152
- 平滑性 ―― 48
- ペイントリムーバ ―― 78
- 凹み ―― 64
- ベル型静電塗装機 ―― 62
- ペンキ ―― 42
- 防かび塗料 ―― 132
- 防塵対策 ―― 46
- ポリエステル ―― 80

ま

- 摩擦 ―― 114
- 摩耗 ―― 114
- 摩耗抵抗 ―― 114
- マンセル ―― 104
- マンセル表色系 ―― 104
- 無機ジンクリッチプライマー ―― 82
- 無溶剤型塗料 ―― 24,148
- むら切り ―― 58
- メタリックカラー ―― 70
- メタリックベースコート ―― 72
- メラミン樹脂 ―― 80
- 木目 ―― 92
- 木工塗装 ―― 92

や・ら・わ

- ヤング率 ―― 110
- 遊離塗膜 ―― 110
- ゆず肌 ―― 152
- 油性調合ペイント ―― 90
- 油性塗料 ―― 42
- 溶剤 ―― 32
- 溶剤型塗料 ―― 24
- 洋式ペイント ―― 14,96
- 落砂摩耗試験機 ―― 114
- リバース形 ―― 52
- リバースコーター ―― 52
- 流動 ―― 42
- 流動性 ―― 102
- りん酸亜鉛化成処理 ―― 44
- 冷蔵庫 ―― 80
- ローラ塗り ―― 58
- ロールコーター ―― 50,52

樹脂	26	地域別需要量	18
蒸発速度	32	着色顔料	30
消防法	142	着色技法	92
ショットブラスト	86	長期性能	116
シリコーン系ハードコート	126	調色	36
シワ	64,66	チョコ	42
新幹線	76	ディッピング	50
親水性	128	添加剤	34
浸せき塗り	50	電気・磁気的機能	120
シンナー	32	電気泳動	56
水質汚染	144	電気浸透	56
水性塗料	24,42,150	電気析出	56
水性メタリックベースコート	150	電着塗装	56
スピンコート	138	電着塗料	70
スプレー塗装	50	東京タワー	84
スリーウエット方式	72	導電性	98
生態的機能	120	導電性顔料	122
静電気	46,142	導電性塗料	122
静電スプレー方式	60	土壌汚染	144
成膜	28	塗装系	46
接触角	128	塗装工程	46
船底塗料	86,134	塗装仕様	46
船舶	86	塗装ブース	46
鮮明度	106	塗着効率	50,146
測色	104	トリボ方式	62
測色計	104	塗料生産量	16
促進耐候試験機	116	塗料需要量	18
素地調整	44	塗料の始まり	12
ソリッドカラー	70	塗料の要素技術	154
		塗料用標準色見本帳	104

た

耐汚染塗料	128,130
耐火塗料	124
大気汚染	144
大気汚染防止法	144
耐候性	42,80,116
体質顔料	30
耐衝撃性	110
耐洗浄性	114
太陽熱高反射塗料	124
タレ	48
たわみ	110
弾性	102
断熱塗料	124

な

ナチュラル形	52
ナチュラルコーター	52
ならし	58
難付着性	98
塗付け	58
熱可塑性樹脂	26
熱硬化性樹脂	26
熱的機能	120
粘性	102
粘弾性体	112
粘度カップ	102

索引

英数字

60°鏡面光沢度 —— 106
D_{65}光源 —— 104
ELV —— 144
GHS —— 142
MSDS —— 142
ＰＣＭ —— 44,80
RoHS —— 144
VOC —— 72,144,146

あ

亜鉛華 —— 90
明石大橋 —— 82
アンティーク仕上げ —— 92
漆 —— 12,96
エアスプレー方式 —— 60
エアレススプレー方式 —— 60
エナメル塗料 —— 22
エフェクト顔料 —— 136
エマルション —— 150
鉛筆引っかき試験 —— 110
オイルフィニッシュ —— 92
応力～ひずみ曲線 —— 110
大鳥居 —— 88
汚染 —— 44
汚損生物 —— 134
折曲げ加工性 —— 80
オレンジピール —— 38

か

カーテンフローコーター —— 50,52
化学的機能 —— 120
化学的成膜 —— 28
カキ —— 88
可視光 —— 104
かぶり —— 64,66
カラートタン —— 80
皮張り —— 66

乾燥 —— 28,42
がんばり時間 —— 112
顔料分散 —— 36
キセノンウェザーメータ —— 116
機能性顔料 —— 30
機能性塗料 —— 120
揮発性有機化合物 —— 72,146
凝集破壊 —— 108
強靭性 —— 48
魚網防汚剤 —— 134
クッキー —— 42
クリヤ塗料 —— 22
クロスカット法 —— 108
ケレン —— 44
ケレン棒 —— 84
研磨作業性 —— 114
硬化 —— 28,42
光化学スモッグ —— 84
光学的機能 —— 120
硬化剤 —— 26,48
抗菌塗料 —— 132
航空機 —— 78
高光沢 —— 106
合成樹脂塗料 —— 14
光沢感 —— 106
光沢度 —— 106
抗張力 —— 110
合板 —— 94
固体 —— 42
ごばん目試験 —— 108
コロイダルディスパージョン —— 150
コロナピン方式 —— 62

さ

錆止め顔料 —— 30
作用時間 —— 112
酸化チタン —— 130
紫外線硬化樹脂 —— 126
しごき塗り —— 50,54
自己研磨型塗料 —— 134
自己洗浄性塗料 —— 128
自動車塗装 —— 70
重防食用塗料 —— 116
主剤 —— 48

今日からモノ知りシリーズ
トコトンやさしい
塗料の本

NDC 576.8

2008年 4月15日 初版 1 刷発行
2017年 3月31日 初版12刷発行

Ⓒ著者　中道敏彦・坪田実
発行者　井水 治博
発行所　日刊工業新聞社
　　　　東京都中央区日本橋小網町14-1
　　　　（郵便番号103-8548）
　　　　電話　編集部　03(5644)7490
　　　　　　　販売部　03(5644)7410
　　　　FAX　03(5644)7400
　　　　振替口座　00190-2-186076
　　　　URL　http://pub.nikkan.co.jp/
　　　　e-mail　info@media.nikkan.co.jp
印刷・製本　新日本印刷（株）

●DESIGN STAFF
AD─────────志岐滋行
表紙イラスト─────黒崎 玄
本文イラスト─────榊原唯幸
ブック・デザイン───新野富有樹
　　　　　　　　　（志岐デザイン事務所）

●
落丁・乱丁本はお取り替えいたします。
2008 Printed in Japan
ISBN 978-4-526-06052-6 C3034
●
本書の無断複写は、著作権法上の例外を除き、
禁じられています。

●定価はカバーに表示してあります

●著者略歴

中道 敏彦（なかみち　としひこ）
1945年　和歌山県生まれ
1969年　職業訓練大学校卒業
1973年　日本油脂株式会社入社　自動車塗料の開発に従事
　　　　自動車塗料技術部長、塗料研究所長を歴任
2000年　日油商事株式会社入社　取締役、日本化学塗料社長を歴任
　　　　工学博士（東京大学）、技術士（化学）

主な著書　塗料の流動と塗膜形成（技報堂出版、1995）
　　　　塗装ハンドブック（朝倉書店、1996）
　　　　塗料用語辞典（技報堂出版、1993）
　　　　塗料の選び方・使い方（日本規格協会、1998）
　　　　特殊機能コーティングの新展開（シーエムシー出版、2007）ほか

坪田 実（つぼた　みのる）
1949年　富山県生まれ
1972年　職業訓練大学校卒業
1974年　山形大学大学院工学研究科高分子化学専攻修了
1975年　職業訓練大学校助手
1985年　工学博士（東京大学）
1987年　職業訓練大学校助教授
2015年　職業能力開発総合大学校 専門基礎学科嘱託指導員退職

　82年度色材協会論文賞、2006年度日本塗装技術協会論文賞を受賞。主に、塗膜の物理的性質、顔料補強効果、塗装技術の研究に従事し、論文、総説、解説など多数。

主な著書　「表面・界面工学大系　下巻応用編」（共著、テクノシステム、2006）
　　　　「塗料」、「木工塗装法」、「金属塗装法」、「建築塗装法」（共著、雇用問題研究会）
　　　　「混練・分散の基礎と先端的応用技術」（共著、テクノシステム、2003）
　　　　「コーティング用添加剤の最新技術」（共著、シーエムシー、2001）
　　　　「塗料用語辞典」（共著、技報堂出版、1993）ほか